爱上科学
Science
Quercus

GENETICS
IN MINUTES
200 KEY IDEAS OF EVOLUTION
AND BIOLOGY IN AN INSTANT

遗传学速览

即时掌握的200个
遗传学知识

［英］汤姆·杰克逊 (Tom Jackson)　著

刘鑫　译

人民邮电出版社
北　京

图书在版编目（CIP）数据

遗传学速览：即时掌握的200个遗传学知识／（英）
汤姆·杰克逊（Tom Jackson）著；刘鑫译. -- 北京：
人民邮电出版社，2018.7
（爱上科学）
ISBN 978-7-115-48411-6

Ⅰ．①遗… Ⅱ．①汤… ②刘… Ⅲ．①遗传学－普及
读物 Ⅳ．①Q3-49

中国版本图书馆CIP数据核字(2018)第091418号

版权声明

◆ 著　　　　［英］汤姆·杰克逊（Tom Jackson）
　　译　　　　刘　鑫
　　责任编辑　周　璇
　　责任印制　周昇亮
◆ 人民邮电出版社出版发行　　北京市丰台区成寿寺路 11 号
　　邮编　100164　　电子邮件　315@ptpress.com.cn
　　网址　http://www.ptpress.com.cn
　　大厂聚鑫印刷有限责任公司印刷
◆ 开本：690×970　1/16
　　印张：13　　　　　　　　　　　2018 年 7 月第 1 版
　　字数：285 千字　　　　　　　　2018 年 7 月河北第 1 次印刷
　　著作权合同登记号　图字：01-2017-2718 号

定价：59.00 元
读者服务热线：(010)81055339　印装质量热线：(010)81055316
反盗版热线：(010)81055315
广告经营许可证：京东工商广登字 20170147 号

内容提要

　　《遗传学速览：即时掌握的 200 个遗传学知识》内容简单而实用，介绍了 200 个重要的生物遗传学知识。每个知识点都配有一个易于理解的画面和一段简洁的解释，使读者很容易理解其概念。书中的 200 个遗传学知识涵盖了所有遗传学领域，包括 DNA、进化、生态学、达尔文理论、克隆、基因工程等方面的内容。

　　书中以令人难以置信的简单、直观的方法来介绍遗传学概念，可以令读者很容易记住其中的知识。通过科学研究发现，信息可视化的知识最易被人类大脑吸收。本书不仅是读者理想、便利的遗传学参考书，同时也可供读者在闲暇时阅读，使复杂的遗传学变得简单、有趣、易于快速理解。

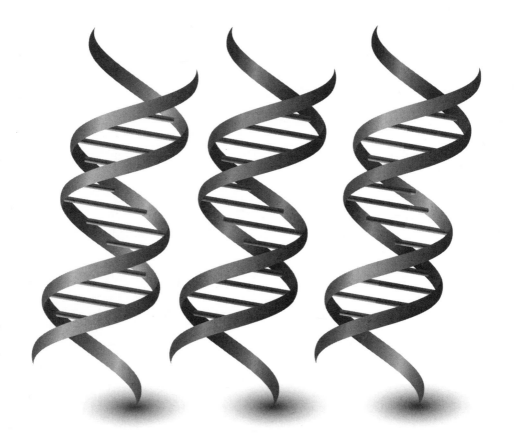

概述

简而言之，遗传学就是关于继承的研究。但是，如果深究一点的话就不是这么简单了。遗传学为我们揭示了身体是如何从单个细胞生长而成的，展示了在数十亿年间地球上的生命是如何无数次改变的，遗传学还成为对抗疾病的核心部分。更重要的是，它有可能创造出转变社会的新技术，确保所有人的健康，甚至还允许我们控制自己作为人类物种在未来的发展，以及重塑我们生活的世界。

作为一门科学，遗传学是较新的。它的基础是从 19 世纪 50 年代开始建立的，但直到 20 世纪初，这些不同的部分才被整合为一个领域。起初发展很慢，直到 20 世纪 50 年代，遗传学才逐渐揭开神秘的面纱。首先是 DNA 双螺旋的发现，之后就是所谓的"中心法则"的发现。中心法则解释了无生命的化学物质如何决定了一个活着的生物体。我们解锁了越来越多基因的秘密，并且这个过程进展迅速。但即使在今天我们取得了如此巨大的进步，DNA 仍然有许多未解之谜尚需我们解决。我们可能已经学会了如何破译遗传密码，但对于翻译过程以及这些工作意味着什么，这些研究仍在继续。

遗传学的内容来自许多领域，如化学、生物学、农学、工程学，甚至信息理论与统计学。对许多人来说，他们期望的是遗传学可以准确地告诉我们：我们是谁，什么是"基因"。在遗传学存在之前，我们的祖先知道，一个孩子会从父母那里继承来一些独特的特征。然而，证明我们的遗传密码对我们的行为和个性的决定程度是最难解决的难题。也许遗传学的最新热点，如干细胞研究、表观遗传学和人造生物学，将提供这些遗漏的部分——这些有趣的研究领域清晰地表明，在 21 世纪以及更遥远的未来，遗传学将继续对医药学以及人们理解它对人类意味着什么等方面产生巨大的影响。

目录

生命

生命是什么？简而言之，科学家们将其定义为需要至少一个"热力循环"的自我复制过程。换句话说，就是活着的"东西"能够完成自我复制，它是利用一种能源作为原料，通过某种方式转化为化学资源来实现的。能源的供应必须是连续的；如果能源变得不可被利用或者生命形式变得无法汲取这些能源，那么结果将是死亡。这就是生命独特之处：它可以死亡。

根据这个定义，最简单的生命形式是一条核酸链，像一些 RNA（见第 47 页）。这种化学物质能够使用自己的分子作为模板，来完成自我复制。然而，这种生命形式的生存状态，是极度危险的，因此在数十亿年的演变中，许多生命形式已经形成了确保生存的能力。这些能力被储存在基因中，它们控制着生命的成败。要了解生命，必须从遗传学开始。

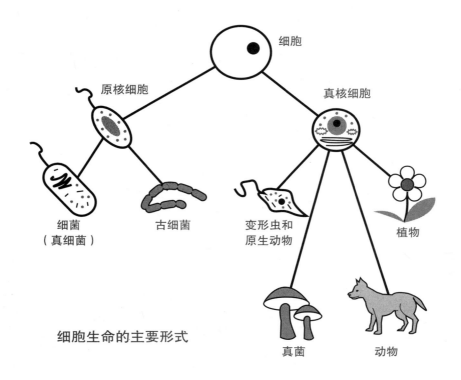

细胞生命的主要形式

生物的种类

估算地球上不同类型或物种的生物数量为 300 万到 3 000 万，大多数生物学家的观点更趋向于大约为 900 万。

最简单和最古老的生命形式是细菌，它的身体是由一个单个微小的"原核"细胞形成的（见第 26 页）。它们当中包含了古细菌，古细菌和其他细菌在外行人看起来或多或少会认为是相同的，然而它们却有着一些重要的区别。其他的单细胞生物，包括诸如变形虫和原生动物，它们具有更大和更复杂的细胞，这种"真核"细胞类型（见第 27 页）被用于多细胞生物中，例如植物、动物和真菌。

每一种生物物种都有其独特的生活方式，但任何生物类群的成员与其他类群成员相比会和自己的本类群有更多的相同特征。不过虽然有这些不同，所有的生命形式却都有一套能力：它们感知周围环境、排泄、繁殖、生长、呼吸并需要营养。

代谢

代谢这个术语从广义上讲涵盖了化学活性与生命活动之间的联系，我们把每种生物体内发生的无数的化学过程称为代谢。非常笼统地说，代谢包括生物处理能源供应的方式，以及如何利用简单的化学成分通过这种方式来增加和修复其身体。

代谢过程一般分为两种类型：合成代谢和分解代谢。前者涉及从较小单位建造更大、更复杂和更有序的结构（这就是为什么体育作弊中可能会使用"合成代谢类固醇"这样一种增强肌肉的化学物质）。与之相反，分解代谢则涉及将大型结构分解成较小的结构（这包括处理不需要的废料用以产生能量）。合成代谢和分解代谢这两个过程不断地一起工作，释放出可管理的能量单元，让生物体保持活力。

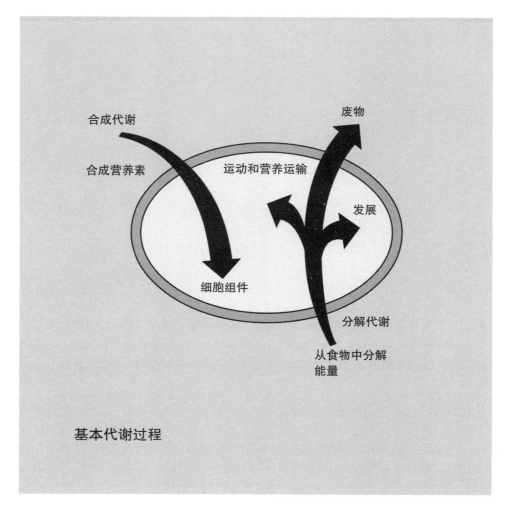

基本代谢过程

进食

每一个生物都必须进食，或更准确地说，它们必须获得营养来源。植物从周围环境中吸收矿物质营养，通过光合作用形成糖分（土壤是开始的好地方）。动物和真菌从其他生物体上获得营养。一些单细胞生物可以同时使用上面的这两种方式获得营养！

获取营养有两个主要目的。首先，能够从营养物质中提取出化学能源来使身体运作（最好的例子是葡萄糖和其他糖类）。第二个目的是作为形成身体所需的原料进行储存。不同生物对营养物质的需求变化很大。植物能够从水、二氧化碳和矿物质，例如硝酸盐、磷酸盐中构建它们所需要的一切。动物则需要更复杂的营养物质，如脂肪、淀粉、蛋白质和一大类被统称为"维生素"的辅助化学物质。

呼吸作用

当大多数人听到"呼吸作用"一词时，往往认为它与呼吸有关。然而呼吸作用虽然与呼吸有相同的地方，但生物学却给它一个更广泛的含义：事实上，呼吸作用包含了所有的生物呼吸，无论它们是否以脊椎动物的方式进行呼吸。

在生物学上，呼吸被定义为由糖或其他可供能的化学物质释放能量的代谢过程。通常，这涉及可供能分子的氧化——这是一种与材料在空气中燃烧时相同的化学反应。例如，最常见糖类之一的葡萄糖的呼吸作用可以通过化学方程式表示，如图所示。这表明葡萄糖与氧气反应产生二氧化碳和水，加上一些能量。如果葡萄糖在空气中燃烧，在反应中会产生火焰和热量，但在活细胞内，这个过程受到严格的控制与调节，通过分解为几个步骤的方式来逐步释放小份的能量。

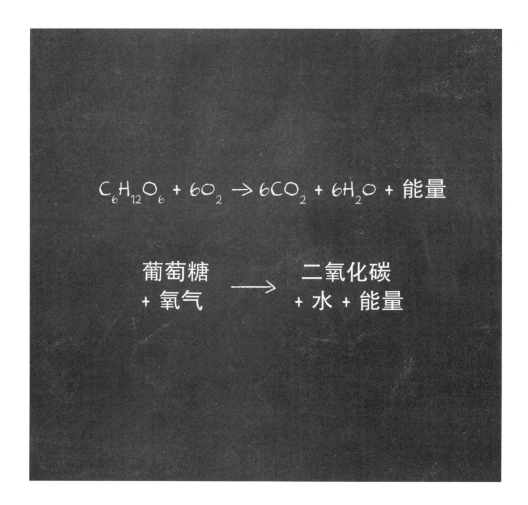

$$C_6H_{12}O_6 + 6O_2 \rightarrow 6CO_2 + 6H_2O + 能量$$

葡萄糖 + 氧气 $\longrightarrow$ 二氧化碳 + 水 + 能量

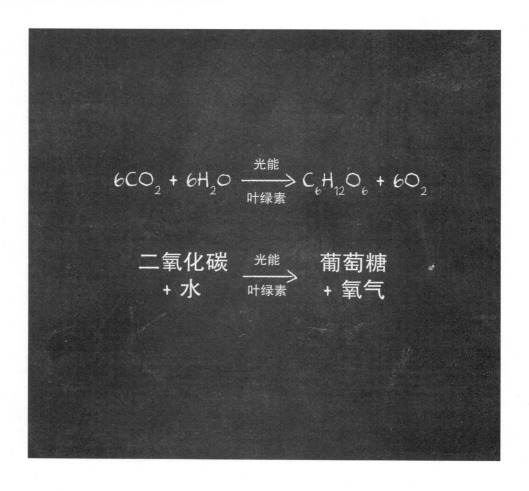

光合作用

正如字中的含义，"光合作用"的含义是"用光制造"的过程，其最终产物是葡萄糖。光合作用发生在植物的叶子和其他绿色部分，以及可以进行光合作用的其他生物体上。颜色对于光合作用很重要，因为植物细胞中的一种被称为叶绿素的化学颜料可以吸收太阳光中的能量——叶绿素之所以表现为绿色，是因为它会吸收蓝色和红色波长的阳光而反射其他颜色。

从化学角度看，光合作用与呼吸相反，二氧化碳和水分子结合起来形成葡萄糖分子和氧气，其过程由叶绿素分子引导能量驱动。呼吸作用产生的废物是二氧化碳，而光合生物则产生废氧，并释放到空气中。地球大气中几乎所有的氧气（约占空气中的20%）均来源于这些光合作用的副产物。

生长发育

生物为了生存而需要生长发育——至少在生命的某个时刻。对于大多数复杂的生物，这是一个可验证的简单的事情。大多数多细胞生物（具有多于一个细胞的生物）会经过从单个细胞生长到胚胎，最终发育为成熟个体的过程。这种生长通过细胞分裂实现（见第 35 和第 63 页），所以说身体中的每个细胞都来源于第一个细胞。它就是我们众所周知的受精卵。

单细胞生物，例如细菌和变形虫的生长还不太清楚。它们也可以分裂它们的细胞，不过它们不是通过这种方式创造一个更大的身体，而是生产一个新的、独立的个体。在这些情况下，个体的生长发育与繁殖就像同一枚硬币的两面。因此，生长发育的最佳定义是从老细胞产生新细胞的能力。这就是细胞理论的核心概念（见第 33 页）和生命科学的核心原则。

繁殖

繁殖可以说是有机体生存的主要目的。然而，生存实际上是一种走向死亡的过程。在这个过程中生物努力复制自己或做一些类似的事情。换句话说，生物生存的真正目的是繁殖。繁殖方式有许多种，从复杂的求爱过程、伴侣选择和亲代养育等行为上看，可以将生物的繁殖简单地分为两类。广义上说，有两种繁殖方式：有性生殖和无性生殖。前者涉及两名父母，后者则仅需一名（见第 56 和第 57 页）。

生存和繁殖的斗争是通过自然选择（见第 89 页）来进化演变的动力，这一过程塑造了地球上数以百万计的物种。然而，这种演变是繁殖过程中的副产品。繁殖的遗传学目的是复制一个新的个体。在这些复制的内容中，许多是生物体内的 DNA 分子，这些复制的信息我们称为基因。

排泄

正如生物从周围环境中吸收营养物质和其他原料一样，它还必须除去新陈代谢的废物，这个过程我们称为排泄。我们常说的"排泄"，是通过肠道把粪便排出体外。实际上这并不是"排泄"的生物学术语定义，而是"排遗"的定义。排遗与排泄关键的区别是，排遗是没有真正进入身体的未使用食物通过肠道，也就是说食物穿过身体的中空部分。而真正的排泄是从身体的组织中取出废物并排除它们的过程。因为如果剩下的这些物质可能是有害的。

在人类生物学中，排泄的主要方式是排尿，富含氮的废物以尿素形式和过量的水一起被释放。排泄也可以直接通过皮肤以出汗方式发生。此外，在呼吸过程中产生的二氧化碳，它的释放也是排泄的一种形式。

感官

任何的生命形式都能够对周围的环境变化进行检测并做出反应。对于单细胞生物而言，这可能仅仅是检测周围环境的化学变化。例如，水的盐度或者是营养物或毒素的存在。同时，植物对光、对重力以及有时对压力敏感。它们向光生长，对重力背向生长，有时还会调整它们的生长方式以便于缠绕在它们接触的其他对象上。

　　动物感觉则更加先进，以适应它们活跃的生活方式。人类使用的听觉、嗅觉、味觉、视觉和触觉这五种感觉方式无处不在。这些感觉中的最后一个是身体表面上的一种混合式的感觉方式，可以灵敏地感觉冷热、振动以及压力。其他的动物可以感受一些超越人类能力的事物。许多昆虫和其他的节肢动物可以检测紫外线；鲨鱼和它们的表亲可以检测另一个个体的电活动，而许多其他动物似乎可以感觉到地球的磁场。

继承

遗传学作为一门科学是比较新的。它于 19 世纪 50 年代诞生，而"遗传学"一词直到 1905 年才产生。然而，遗传学只是一个旧的研究领域的新名词。这个旧的研究领域就是关于继承的研究。自从史前时代以来，人们很好理解，孩子们继承了父母的一些属性。头发颜色、脸型、身高等性状，在家族中一代又一代的传承。这种现象同样适用于动物和植物中，尤其是在农业中使用的植物。

对遗传机制的探索引出了遗传学和进化论。但是与之相关的研究不是从那时开始的。早在古希腊时期，就有名为"泛生论"的理论。该理论提出，身体中的每个部分都会通过精液和经血来传递信息，并在它们的母体中创造出一个小人或者是矮人。查尔斯·达尔文自己也赞同这样的理论，并说遗传性状可以代代相传是由于一群名叫"微芽"的微小包囊。

译者注：

微芽：生物体各部分的细胞都带有特定的自身繁殖的粒子，也可称为"泛子"。"微芽"或"泛子"的存在，未得到科学上的证明。

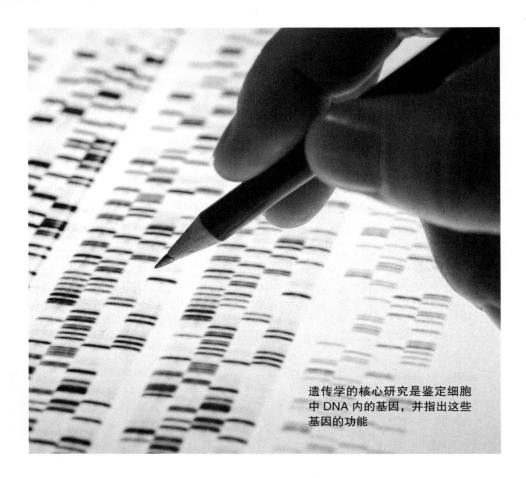

遗传学的核心研究是鉴定细胞中 DNA 内的基因，并指出这些基因的功能

基因

    ❝基因（gene）"一词于 1909 年由丹麦植物学家威廉·约翰森创造。这个词来源于"genesis"，它的含义是起源。查尔斯·达尔文和他的同事在 19 世纪末提出了一种猜想的可以传递遗传性状的"遗传"物质。在 1905 年，这个过程的研究被称为遗传学。不久之后，约翰森介绍了基因的概念（感谢英国生物学家 William Bateson）。

    约翰森并不知道基因是什么形式的。他用这个词只是为了代表了一个继承的单位：孩子从父母继承的基因携带了构建身体所需的指令。基因也用于描述那些可确定的性状，因此有头发类型的基因、眼睛颜色的基因等。然而，今天我们知道遗传物质是由 DNA 分子编码而成，所以 DNA 的一部分也可以被称为一个基因。将基因的化学定义与结构相匹配是基因研究的一个重要目标。

格雷戈尔·孟德尔

说起来也许令人惊讶，遗传学的创始人是一个说德语的神父，他生活在 19 世纪中叶的奥匈帝国北部地区。格雷戈尔·孟德尔的研究工作是在布尔诺（现为捷克市）的圣托马斯修道院的花园中进行的。该研究成果自 1866 年发表，直至 20 世纪初都被完全忽视了，但是它包含了直到今天仍然适用的遗传学基本原则。

孟德尔（1822—1884）通过在他的花园里种植豌豆植株完成了他的发现。他不了解 DNA，没有提及细胞生物学，没有使用"基因"这个术语，而是用"因子"这个词代替。但是，孟德尔能够从豌豆植株代代相传的不同特征中收集出一些普遍的遗传规律。这些基本规则是遗传过程中的核心规则，它们以孟德尔之名被命名为孟德尔遗传学。

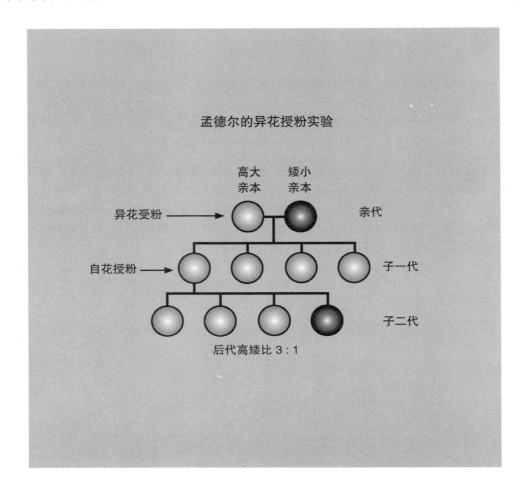

孟德尔的异花授粉实验

高大
亲本　　矮小
　　　　亲本

异花受粉 →　　　　　　　　亲代

自花授粉 →　　　　　　　　子一代

　　　　　　　　　　　　　子二代

后代高矮比 3：1

孟德尔杂交实验

孟德尔通过努力控制豌豆植株与其他植株繁殖来完成他的发现。他的努力得到了帮助，因为豌豆可以自交，这意味着植株可以使用自己的花粉来产生种子。

　　孟德尔确定了几种遗传性状，如花的颜色、形状，还有植株高度。他分析研究了所有的这些性状，这里我们以植株高度为例。孟德尔分离出一株高大的植株，高大的植株在自交时总是产生高大的子植株，而矮株的植株总是产生较矮的后代。之后，我们将这一高一矮两株植株进行交叉授粉，产生后代（种子）。他发现第一代后代均成长为高大的植株。接下来，对第一代植株进行自交授粉来产生新一代的植株。新一代植株 3/4 的后代高，1/4 的矮。同样的事情发生在了他检测的所有性状中。孟德尔的遗传学理论就是从这些令人震惊的一致结果中得出的。

孟德尔定律

格雷戈尔·孟德尔用他在数年中数千次育种实验的结果，勾勒出了一个他所看到的关于遗传学的普遍真理。

　　孟德尔的"分离定律"表示，每个植物的每个因子（基因）有两种类型。当花粉形成时，每个因子的两种类型总是分离的。每个后代将只分别继承父母的各一种类型的因子，两者结合起来成为新的配对因子。另一个定律"自由组合定律"指出，每种因子在亲代和子代之间的传递，都是独立于其他因子的。第三个定律，"显性定律"指出，某些类型的因子有等级之分。在这种类型的因子里，显性类型的遗传物质会在生物的外观中表达，而隐性类型的则会隐藏起来。后来的研究认为这种现象符合第二定律的内容。有些人则认为第三定律不太重要，因为它不在所有的情况下适用。但无论如何，这些定律已经成为经典遗传学的基石。

孟德尔以碗豆植株为样本的辛勤实验，让我们对遗传因素是如何控制植物生长的有了初步的了解

15

表现型

经典遗传学将基因的两种概念间划了一条分界线：一个基因可以被理解为一个化学实体，即一段 DNA，或也可以被理解为形态生理特征或者其他的遗传性状。孟德尔的发现表明，这两个概念是不可替换、混淆的。为了明确这一点，遗传学家又建立了术语"表现型"。

表现型是遗传基因表现出来的最终结果。它可以是豌豆植株的高度、头发的颜色或昆虫的身体发育结构。它也可以与动物行为有关（有时称为"扩展表型"）。行为往往有一定程度的学习，例如迁移、狩猎和筑巢，但是它们却最终从父母那里继承下来。孟德尔的研究指出了表现型与遗传物质转移方式之间的联系，这种遗传物质又被称为"基因型"。

基因型

生物的基因型也可以被简单地描述为它的遗传信息组成，它包含了从它的父母那里遗传来的各种基因。正如格雷戈尔·孟德尔发现的那样，所有生物都是从两个亲本那里分别获得每个等位基因中的一个，因此基因型由这些配对后的基因组成。

特定的基因型不能自动确定一个相应的表现型。事实上，相同的表现型例如豌豆植株的高度，可以由一组不同的基因型产生（尽管只是一小部分）。导致这一现象的作用机制是双重的。首先，基因的不同类型以特定的方式相互作用和相互结合，这一现象被描述为显性遗传（见第 21 页）和孟德尔第三定律。其次，生物自身生存的环境也对其生长发育有不同程度的影响。

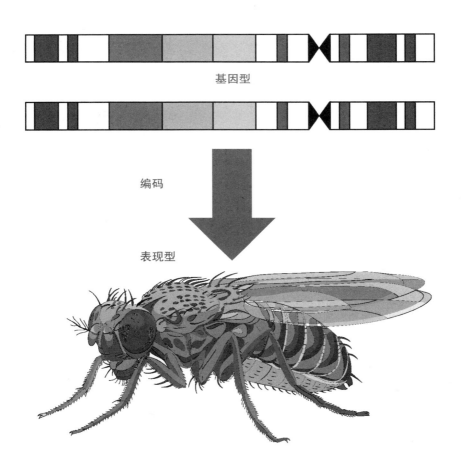

基因型

编码

表现型

这些豚鼠都具有控制毛发颜色的基因，但每个都遗传了该基因的不同版本，或者称为等位基因

等位基因

❝Alleles"这个发音不同寻常的单词来自于德语，其含义为"彼此"。然而它是一个遗传学中非常有用的术语：等位基因（Allele）的含义是一对同源染色体的相同位置上控制着相对性状的一对基因。所以以孟德尔豌豆植株实验为例，植株高度的基因有两个等位基因：高或矮。另一个例子是眼睛颜色，包括蓝色、绿色、灰色、棕色以及淡褐色，这是相同基因位中等位基因的最好描述实例。

基因型包含了每个基因位上的两个等位基因。如果这两个等位基因相同，我们将它们称为纯合子。换句话说，当涉及将等位基因分离以产生用于繁殖下一代的性细胞（花粉、精子、卵等）时，每个性细胞中必定含有相同的等位基因。当这一基因型含有两个不同的等位基因时，我们称之为杂合子。这种情况下，一半的性细胞将具有其中一种等位基因，而另一半则是另外的那种。然而，纯合子和杂合子的基因型仍然可以产生相同的表现型，这是由于这个基因型中含有一个显性的等位基因（见第 21 页）。

基因组与基因库

基因组是指一个生物体它所使用的全部遗传物质。从 1990 年推出人类基因组计划以来，我们对人类自己的基因组已经变得越来越熟悉了。虽然构建人体所需遗传物质的测定工作已经在 2003 年完成了，但这项工作仍在继续，以搞清楚遗传物质分布在这 20 000 到 25 000 个基因中的哪些位置。

其他生物的基因组测定工作包括大肠杆菌、秀丽隐杆线虫和果蝇。每种生物的遗传物质 DNA 数量不同，基因数量就也有所不同。

"基因库"则是另一个大家熟悉的词语，但它与基因组有不同的含义。它是指在整个生物群体中存在的一系列基因，包括许多不同的等位基因。基因库代表一组生物的遗传变异。

除了研究个体的基因外，遗传学家还设法了解群落、种群或整个物种之间基因的交流行为

zubro 是家畜牛和欧洲野牛的杂交种

杂种

在一般的术语中，"杂种"往往是指两个不同品种的生物交叉的产物。然而，在生物学和遗传学方面，杂种则是指具有杂合基因的生物体。更简单点地说，生物从其父母双方遗传了两个不同类型的等位基因。

格雷戈尔·孟德尔成功地解决了遗传方面涉及重复杂交的难题。虽然他不知道发生了什么事情，但孟德尔的推测是正确的。他杂交的豌豆植株是杂交种，豌豆植株遗传了两种不同的基因。

正是这种突破让他发现一个基因位上的两个等位基因并不是相同的。一些等位基因相对于另一些是显性的，这种相互作用表明了特定基因型如何决定相应的表现型。

显性遗传

在解释孟德尔杂交实验结果的过程中，显性遗传是最重要的特征（见第 14 页）。回到高矮豌豆植株杂交的例子中，高大植株的亲本基因型为 TT，T 是高大型的等位基因。矮小植株的亲本基因型为 tt，t 为矮小型的等位基因。

在下一代中所有植株都分别从一方亲本得到了 T 基因，从另一方亲本得到 t 基因。它们基因型都是 Tt。T 等位基因相对于 t 是占优势的，因此所有 Tt 基因型都表现为高大植株的表现型。接下来，孟德尔对杂交得到的 Tt 植株进行自交。自交的结果产生了四种基因型，其中包括相同的基因型，分别是：TT，Tt，tT 和 tt。任何基因型中只要具有显性的 T 等位基因都表现为高大的表现型，而只有 tt 基因型产生矮小的表现型。当这样解释时，孟德尔发现的 3：1 的高矮比是完美的。让人难以置信的是，孟德尔凭借超人的想象力把这一切搞清楚了。

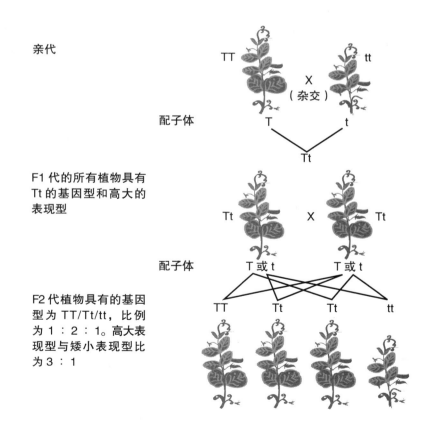

亲代

配子体

F1 代的所有植物具有 Tt 的基因型和高大的表现型

配子体

F2 代植物具有的基因型为 TT/Tt/tt，比例为 1：2：1。高大表现型与矮小表现型比为 3：1

隐性特征

显性遗传中占优势的基因并不由单独某一等位基因而定，而是两个等位基因相遇时出现的一种现象。在一个等位基因相对于另一个占优势的情况下，第二个等位基因那个等位基因被称为"隐性的"。然而，在这种基因型中的隐性等位基因可能相对于第三种等位基因是显性的。例如，黑发的等位基因在相对于金发的等位基因时是显性的，而金发的等位基因相对于红头发的等位基因时又是显性基因。

一些像红头发这样的性状完全是隐性的，但它们对生物的生存机会几乎没有影响。而一些其他的例子，比如白化病（有害的）则可能更麻烦。在任何情况下，群体中隐性基因的表现型都是罕见的，因为它们需要隐性基因型的纯合子。许多基因型可能包含一个被显性基因所隐藏的隐性等位基因。只有当两个杂合子的亲代或者称之为"携带者"产生后代时，隐性基因的表现型才有可能出现，这听起来让人很沮丧。

共显性

显性遗传的理念是令人信服且易于理解的。但是当基因型被表达为表现型的时候，就很少这样简单。因为还有两个其他的可能性：共显性和不完全显性。当基因型中的两个等位基因均不占优势时，就会出现这些情况。这样的结果是两个等位基因都以某种方式表达在表现型上，但差异微不足道。当基因型是共显性时，两个等位基因在生物体的不同位置完全表达。一个例子是一朵红花和一朵白花产生具有红白色斑点的后代，我们可以明显观察到两个等位基因的效果。但如果基因型是不完全显性，则结果是一种全新的表现型，这种表现型是两种等位基因作用的混合物。在这种情况下，红花与白花会产生粉红色花朵（与前一种不同的物种）的后代。

共显性的牛

白色公牛

WW

W   W

黑色母牛

BB

B   BW   BW

B   BW   BW

奶牛的黑白色斑点是共显性的产物，两个基因以斑块的形式被表达

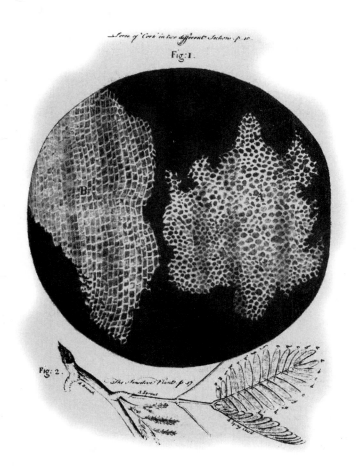

细胞

每一种生物都是至少由一个细胞组成。细胞是一个活着的独立集合，被一个纳米级的薄膜所包裹，将细胞与它周围的环境隔绝。在膜内，细胞充满了称为细胞质的液体。这是细胞的新陈代谢发生的地方，所以它充满了糖、蛋白质和其他生化物质。还存在一些以 DNA 形式存在的遗传物质。细胞生物学领域主要研究这个微小世界的各个方面，其中揭示了所有细胞都有的共同之处，也揭示了不同类型生物细胞具有的特异性。

"细胞"一词是由伟大的英国科学家罗伯特·胡克创造的，他首先发现这些微小的结构。在 1665 年，胡克通过当时最先进的显微镜窥探许多生命形式。当他看到一块软木塞时，发现软木塞被分成了小隔间。他将这些小隔间比喻为神父的小屋，称其为"cell"（细胞）。

细胞膜

在细胞外面覆盖的一层被称为细胞质膜。许多细胞内也有类似的膜，它们的这类结构都是由脂类这种化学物质组成的。脂类作为一类化学物质，也许可以更好地被理解为动物脂肪和植物油。

每个脂质分子具有排斥水的疏水侧，以及溶于水的亲水侧。细胞膜由两层这样的分子组成。其中亲水侧面向外，形成膜的内表面和外表面，而在亲水侧中间的是彼此混杂在一起的疏水侧。

对于像细胞尺寸的微小结构，细胞膜这样的屏障产生了惊人的强度。水可以自由地移动，穿过膜，但是大部分较大的分子必须被主动地传入或移出细胞。为此，细胞膜上铺满了由复合蛋白质分子制成的孔和泵（见第53页）。

细胞膜的结构

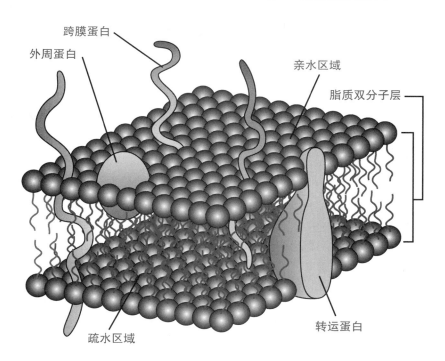

跨膜蛋白

外周蛋白

亲水区域

脂质双分子层

转运蛋白

疏水区域

原核细胞

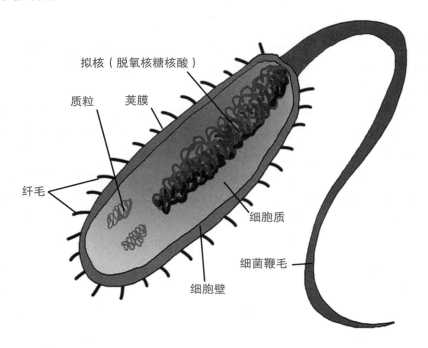

拟核（脱氧核糖核酸）

质粒　荚膜

纤毛

细胞质

细菌鞭毛

细胞壁

原核生物

最小最简单的细胞属于细菌以及它们的表亲古细菌。这些生物是原核生物，它们的细胞与被称为真核生物的其他生物，如植物、真菌和动物的细胞非常不同。

大多数原核细胞的长度在 1 微米到 5 微米之间（1 微米 =0.000001 米）。它们主要通过质膜来限制细胞尺寸（有一些细菌在细胞周围有两层膜）比其他类型细胞相比，它们的质膜流动性和灵活性都较差。有一些细胞有一条长的扭曲的尾巴状延伸物，被称为鞭毛。它可以像旋塞一样旋转，以推动细胞运动。还有一些更小的头发状紧贴表面延伸物，被称为纤毛。细胞的内部显得非常简单：DNA 分子缠绕在一起，在细胞质中自由浮动，唯一可见的其他结构是核糖体，在这里遗传密码被读取和处理（见第 49 页）。

动物细胞

你身体中的细胞与所有动物和许多诸如变形虫这样的单细胞真核生物具有相同的结构。动物细胞是原核细胞长度的 20 倍，并且体积相当大。细胞变大是通过加入胆固醇来增强的细胞膜实现的。动物细胞可以使用鞭毛移动，并且它也可能配有纤毛。鞭毛和纤毛可以用于运动，以便让细胞处于营养丰富的液体中。

真核细胞具有更大的尺寸，这意味着它们不能仅仅依靠被动扩散来分配细胞质中的物质。它们拥有一个微管网络来运输有用的分子。真核细胞还包含一系列称之为细胞器的结构，每个这样的结构都控制细胞代谢的一个方面。最后一个与细菌细胞的区别在于它们的 DNA 被保留在细胞核中。

动物细胞内部

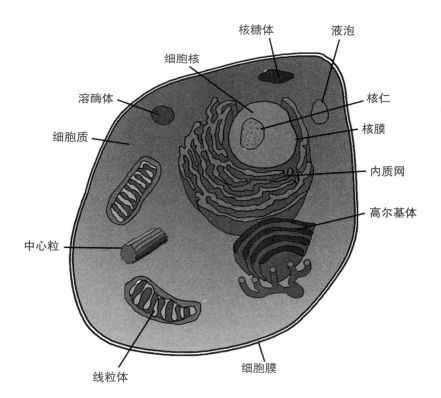

核糖体

液泡

细胞核

溶酶体

核仁

核膜

细胞质

内质网

高尔基体

中心粒

线粒体

细胞膜

27

植物细胞内部

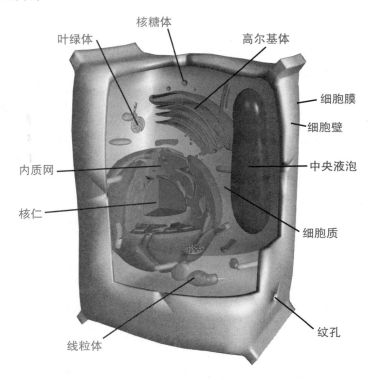

核糖体

叶绿体　　高尔基体

细胞膜

细胞壁

中央液泡

内质网

核仁

细胞质

纹孔

线粒体

植物和真菌细胞

作为真核生物的另一例子，植物细胞与动物细胞有许多共同的特征。它们都含有存储遗传物质的细胞核以及可以在细胞膜内完成类似工作的细胞器。一个主要的区别是植物细胞具有用于光合作用的结构——叶绿体。

　　另一个很大的区别是植物细胞具有围绕细胞膜的细胞壁。当水进出细胞膜时，柔软的细胞膜能够改变体积，但细胞壁都是坚硬不变的。植物细胞壁由纤维素组成，纤维素是连接成链的糖分子的聚合物。

　　真菌细胞可以被看作是植物和动物细胞中间型（尽管它们更接近于动物细胞）。真菌细胞因为缺乏叶绿体，所以无法完成光合作用。但真菌细胞具有细胞壁，它们是由几丁质而不是纤维素构成的。几丁质这种聚合物也可以在贝壳和昆虫身体中发现。

多细胞生物

显然，我们最熟悉的生物通常是由数万亿的细胞组成。细菌和一系列真核生物可以作为单细胞存活。多细胞生活模式和这种单细胞模式是不同的。

然而，这种区分并不完全清楚。许多单细胞生物形成菌落，像喉咙感染就是细菌在你的喉中形成了菌落。很多案例证明，单细胞生物菌群出现了分工现象。这些菌落中的某些细菌有专门负责扩大菌落的任务。

而多细胞的生活模式则更进一步，遗传物质相同的细胞会分化为几种专精的类型，以确保生物体整体的生存。其中最简单的例子之一是海绵生物，这种动物由九种类型的细胞组成，它们提供了生物体的身体结构、进食、防御以及繁殖方式。

海绵和其他简单的海洋生物代表了动物
进化的第一个阶段，不同细胞的聚集在
一起工作，共同构成一个身体

高尔基体

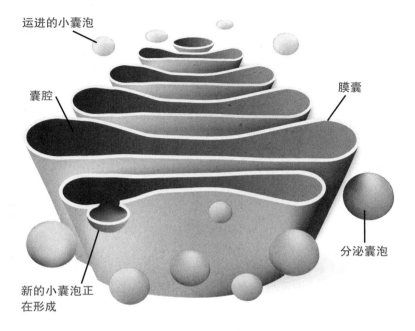

运进的小囊泡

囊腔

膜囊

分泌囊泡

新的小囊泡正
在形成

高尔基体将化学物质包裹起来，然后通过与细
胞膜合并向细胞外释放化学物质

细胞核与细胞器

随着 20 世纪 30 年代电子显微镜的发明，一个比我们之前的猜测更加复杂的细胞内部被揭示出来。在此之前，真核细胞内唯一清楚可见的结构是细胞核。然而，新技术所提供的更大分辨率为我们展示了细胞内部的更多细节以及几种不同的结构，我们称之为细胞器。细胞核的核膜不是一层而是两层，这两层核膜都充满了孔洞，以便于遗传物质进出。遗传物质储存在被称为核仁的中心区域。

其他细胞器包括由管道运输网络组成的内质网。高尔基体用于制备细胞释放的材料，而溶酶体用于收集和破坏不需要的物质。植物细胞具有叶绿体，而所有的真核生物都有作为细胞发电厂的线粒体。

线粒体

线粒体是细胞中呼吸作用的发生场所。葡萄糖和其他可供能物质在这里释放出用于新陈代谢的能量。每个真核细胞都有一些线粒体，而在那些像肌肉细胞这样需要使用大量能量的细胞中则有数百个。

线粒体的外膜与包裹整个细胞的细胞膜相似，而另一个内膜则向内有许多褶皱。这些褶皱形成了许多"狭窄的死胡同"，被称为嵴。而呼吸作用就发生在嵴的膜壁上。在这里发生的反应使葡萄糖分子逐渐氧化，在这个过程中每个步骤释放的能量被称为 ADP（二磷酸腺苷）的化学物质捕获以供将来使用。随着能量输入，ADP 被允许添加另一种磷酸盐，形成 ATP（三磷酸腺苷）。然后，ATP 分子进入细胞，并且可以在需要时释放其存储的能量，从而恢复为 ADP。

线粒体内部

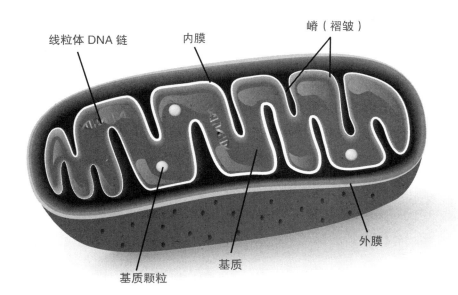

线粒体 DNA 链　　内膜　　嵴（褶皱）

外膜

基质

基质颗粒

叶绿体的内部

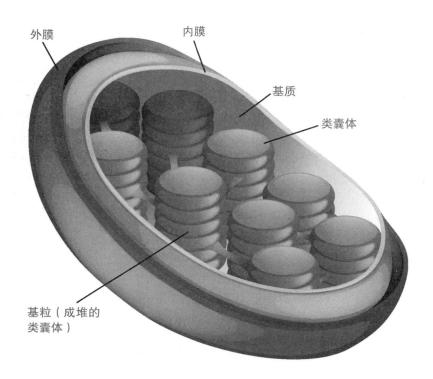

外膜

内膜

基质

类囊体

基粒（成堆的类囊体）

叶绿体

这个绿色的细胞器被称为叶绿体，是植物细胞内进行光合作用的场所。那些植物中不进行光合作用的部分，例如，根是缺乏叶绿体的，此外能进行光合作用的原核生物也没有叶绿体（虽然在原核生物中光合作用的过程在很大程度上相似，但它所有的代谢反应发生在细胞质中）。

叶绿体自身具有外膜，其内包含更多的膜片称为类囊体。叶绿素分子与一个个的类囊体结合，堆叠在一起，称为叶绿体基粒。当光照在它们上面时，叶绿素将一些能量转化成 ATP 分子（三磷酸腺苷，见第 31 页）。这是光合作用的第一个阶段，被称为"光反应"。从 ATP 变为可供能的化学物质为第二阶段，或称为"暗反应"。暗反应发生在基粒之间的基质中，该反应包括二氧化碳和水的结合产生葡萄糖。

细胞理论

当第一个单细胞生物（最初称为"微生动物"）被早期的显微镜发现时，生物学家认为这些生物自发地从其他生命形式的腐烂遗体中发育出来。众所周知，多细胞生命是通过生源论产生的，即一个生命体创造另一个生命体。但单细胞生物则被认为是非生源的，它是由非生物材料产生的。

　　然而在 1838 年，德国生理学家西奥多·施旺（有其他人的贡献）用越来越多的证据来反对自然发生论，并提出了所谓的"细胞理论"。施旺的理论有三个部分：第一，所有生物都由一个或多个细胞组成。第二，细胞是最简单的生命形式。最后一点，所有新的细胞都是来源于较旧的细胞。这三个简单的规则成为现代生物学的基础，对于确定遗传过程至关重要。

西奥多·施旺细胞理论的启发源于他开始注意到神经、肌肉以及植物细胞之间有共同的相似之处

染色体结构

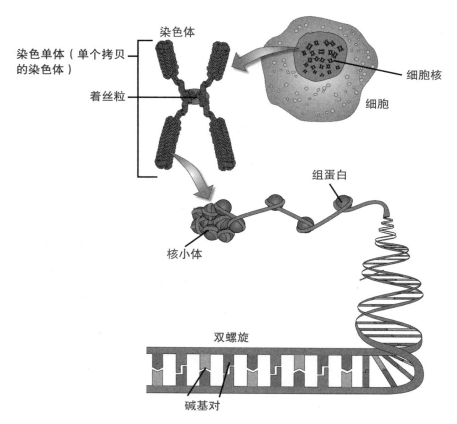

染色体

染色单体（单个拷贝的染色体）

着丝粒

核小体

细胞核

细胞

组蛋白

双螺旋

碱基对

染色体

根据细胞理论，每一个新细胞来自于一个较老的细胞一分为二。细胞在分裂时将原始细胞的物质大致相等地分配，因此需要将细胞核也分成两部分。对这一过程的早期研究表明，细胞核中充满一种易被着色的物质，称为染色质。在 1888 年，海因里希·威廉·戈特弗里德·沃尔德耶 - 哈茨（Heinrich Wilhelm Gottfried von Waldeyer-Hartz）认为，在分裂之前，分散的染色质逐渐螺旋化形成纤维，然后再分配给两个新细胞。他将这个物质命名为"染色体"。

今天，我们知道染色体是 DNA 分子构成基因组的支架结构。人类细胞有 46 条染色体，但不同物种间数量差异很大。大多数时候，单独的染色体太细，以至于无法看到，它以一种模糊的一大团的染色质状态存在，DNA 缠绕在被称为组蛋白的纺锤样蛋白质周围。只有在细胞分裂期间，才能通过显微镜看到缠绕增厚形成的结构。

细胞分裂：有丝分裂

细胞分裂的主要过程称为有丝分裂。它也是人身体生长的主要方式。这个名词是根据希腊语"编织"创造的。这是因为有丝分裂涉及线状微管网络。这些网络被认为可以将染色体分为两组，并将它们在分裂前拉至两端。

有丝分裂的发生包括几个复杂的阶段，但总而言之，第一步是复制每条染色体。相关的染色体会形成一个 X 形的结构。这实际上是一对染色单体，即复制后连在一起的相同的染色体。一旦染色体复制完成，核膜就会溶解，并使染色体排列在细胞上。然后微管将染色单体分开，并暂时使细胞中的染色体数量加倍。最后，一个新的细胞膜从细胞的中间出现，并使原来的细胞一分为二。

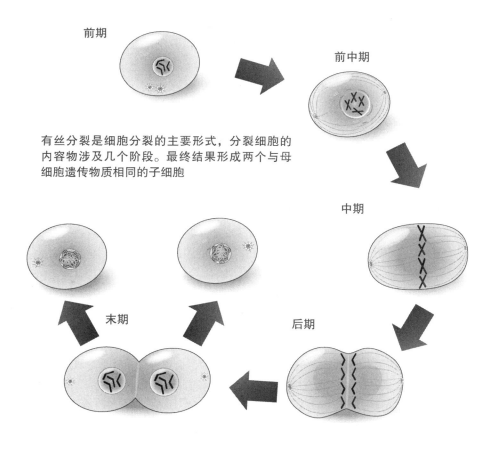

有丝分裂是细胞分裂的主要形式，分裂细胞的内容物涉及几个阶段。最终结果形成两个与母细胞遗传物质相同的子细胞

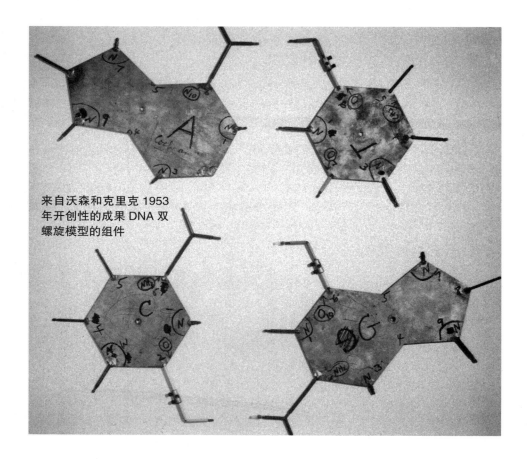

来自沃森和克里克 1953 年开创性的成果 DNA 双螺旋模型的组件

DNA

DNA 是科学中最有名的三个单词的首字母，它是"脱氧核糖核酸"的英文缩写。DNA 是遗传学中最重要的化学物质，因为在它的错综复杂的长分子结构中，包含了我们所有基因的代码。每个人的每个细胞中都有 2 米（约 6 英尺 6 英寸）长的 DNA。人体中的总 DNA 加在一起可以往返太阳 66 次。细胞核中包含了整个细胞中绝大多数的 DNA，线粒体中有少量的 DNA。

DNA 于 1869 年被首次分离出来，瑞士医师弗雷德里希·米歇尔分析了从包裹感染伤口的绷带中收集的脓液，发现其中含有核糖、磷酸盐和含氮有机酸。这些研究内容很快地被与细胞核的内容物紧密联系起来，其酸类被相应地命名为核酸。在 1928 年，DNA 被发现存在于染色体中，这证实 DNA 确实是长期以来在世代间携带基因的遗传物质。

问题是：它是怎么做到的？

X 射线结晶学

要了解 DNA 如何携带基因，首先需要弄清楚 DNA 的结构。DNA 是一种聚合物，这意味着它由许多较小的单元链接在一起组成。这些单元被得到承认，但它们如何连接在一起并不被了解。由于单个的 DNA 分子太小，不能直接看到，所以直到 20 世纪 50 年代，开创性技术 X 射线结晶学才解决了这个难题。

　　X 射线晶体学利用了衍射现象，这是所有类型的波共有的现象。当波通过比其波长窄的间隙时，它从间隙处向所有的方向上传播，就好像从原点重新开始一样。X 射线具有足够小的波长以便于在通过分子间空隙时产生衍射。在另一侧出现的衍射波相互干扰，可以产生光和暗带的图案。这些图案通过分析可以精确定位分子中间隙的相对位置，并揭示其形状。

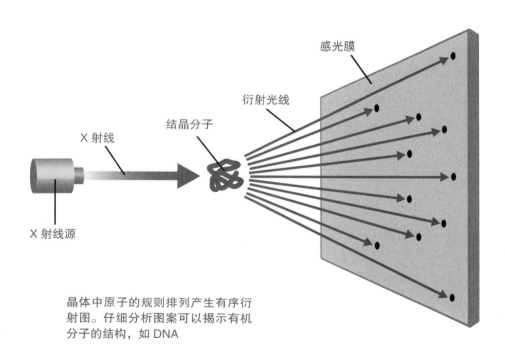

晶体中原子的规则排列产生有序衍射图。仔细分析图案可以揭示有机分子的结构，如 DNA

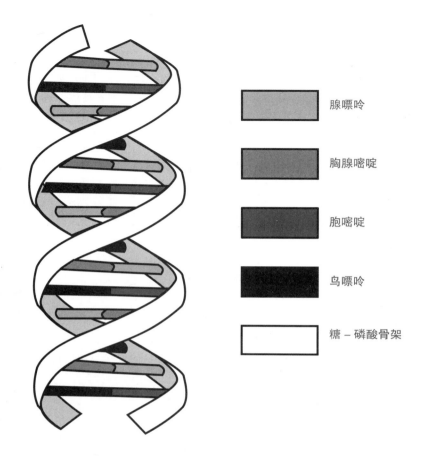

腺嘌呤

胸腺嘧啶

胞嘧啶

鸟嘌呤

糖－磷酸骨架

双螺旋

美国诺贝尔奖获奖者化学家莱纳斯·卡尔·鲍林在 1951 年提出了第一个用 X 射线结晶学来解释 DNA 结构的结论。他提出 DNA 分子有一个螺旋结构，他命名为 α 螺旋。然而，这被证明是不正确的。在 1953 年两名在剑桥工作的研究人员詹姆斯·沃森和弗朗西斯·克里克（见第 39 页）揭示了该分子实际上是由两条 DNA 链组成的一个双螺旋结构。

DNA 双螺旋可以理解为螺旋状的梯子。它的两个"立柱"由通过磷酸盐结合在一起的核糖链构成，而"梯子"是现在被简单地称为碱基的核酸对，它们连接在核糖链之间。这种独特的结构允许通过将碱基分开使 DNA 分离成两条不同的链。DNA 中的碱基有四种单位，它们通过在双螺旋中排列的顺序来携带基因中的编码信息。

克里克和沃森

1962 年，弗朗西斯·克里克和詹姆斯·沃森因为他们的发现获得了诺贝尔医学奖。在十年前，他们发现了 DNA 的双螺旋结构，揭示了 DNA 如何被用于存储遗传信息。

　　在第二次世界大战期间，英国人克里克（右边）曾担任物理学家和武器设计师，之后转为研究生物学，他开发了用于解释 X 射线衍射的数学理论。沃森（左边），美国分子生物学家，加入了克里克在剑桥的卡文·迪什实验室，在那里他们合作推断出了现在著名的 DNA 结构。他们没有自己进行 X 射线的衍射实验，而是由伦敦国王学院实验室主管莫里斯·威尔金斯提供数据。威尔金斯与克里克和沃森分享了 1962 年的奖金，虽然他本人并没有收集图像，而是他已故的同事罗莎琳德·富兰克林收集了关键的证据。她从来没有被咨询过，而她的角色也引起了争议。

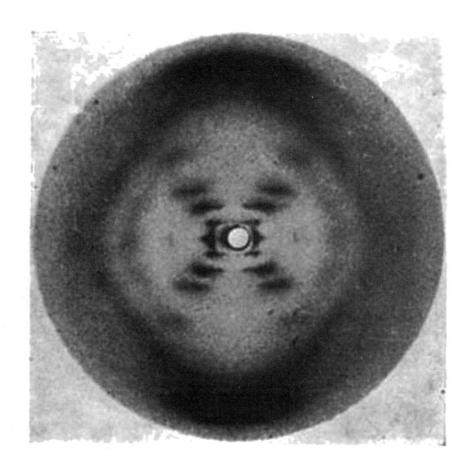

51 号照片

这张特殊的 X 射线结晶照片是克里克和沃森揭开 DNA 分子结构神秘面纱的关键。这张明暗交错的著名的 "51 号照片" 证实了他们认为双螺旋结构确实是染色体中发现的 DNA 的真实形式。

51 号照片的诞生一般被归功于罗莎琳德·富兰克林，但实际上是由雷蒙·葛斯林拍得，他是在伦敦国王学院富兰克林监督下工作的博士生。富兰克林将这张照片归档供以后研究。而在几个月后，葛斯林又把照片发给了莫里斯·威尔金斯。威尔金斯把照片出示给了詹姆斯·沃森，沃森立刻意识到了这张照片的重要。在 20 世纪 40 年代后期，化学家莱纳斯·鲍林及其在加州理工学院的团队已经使用许多蛋白质产生的 X 形衍射图来证明它们含有螺旋状结构。而 51 号照片中的叉状图案表明 DNA 也具有螺旋状结构。

罗莎琳德·富兰克林

当诺贝尔委员会在 1962 年选定了克里克、沃森和富兰克林的昔日同事威尔金斯的时候，罗莎琳德·富兰克林已经过世了。她于 1958 年因卵巢癌逝世，年仅 37 岁。这可能是因为她多次暴露于危险水平的 X 光下而引起。诺贝尔奖的规则规定，奖项不能授于去世之人。因此，我们永远不会知道，如果富兰克林还活着的话，她是否会同这三名男子一样成为平等的赢家。

在之后的几年里，富兰克林对 DNA 研究的贡献得到了更广泛的认可。她的主要贡献不是 51 号照片本身，而是她发现了细胞核中 DNA 是以高度水合的形式存在，被称为 B-DNA。（A-DNA 是一种较少存在的水合形式，在生物学中并不常见。）克里克和沃森最终的成功来自于这种 B 型 DNA 的结构的模型，一种右旋双螺旋。

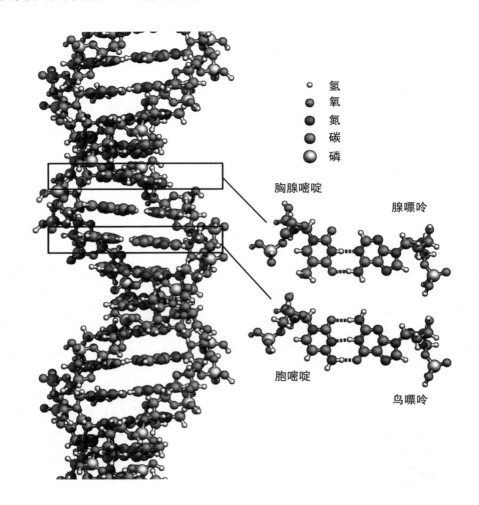

氢
氧
氮
碳
磷

胸腺嘧啶

腺嘌呤

胞嘧啶

鸟嘌呤

碱基对

DNA 双螺旋中含有数百万个"碱基对"，每个碱基对都由穿过螺旋轴的两个核酸结合在一起组成的。克里克和沃森的双螺旋发现表明，碱基配对是根据一套简单的规则形成的。

　　DNA 中共有四种碱基：腺嘌呤、胞嘧啶、鸟嘌呤和胸腺嘧啶。它们都是由含有氮原子的环状有机化合物复合而成。腺嘌呤和鸟嘌呤具有相似的结构，它们都具有两个环。而胞嘧啶和胸腺嘧啶只有一个环。

　　然而，对于一对穿过螺旋分子的碱基对，只有三个环的空间。腺嘌呤总是配对胸腺嘧啶，而鸟嘌呤则与胞嘧啶配对。配对的方向没有限制。所有四种碱基可以出现在螺旋的一边，但是与它们配对的伙伴永远是相对于对方的。

遗传密码

我们通常将腺嘌呤、胞嘧啶、鸟嘌呤和胸腺嘧啶这四种 DNA 碱基缩写为它们的首字母 ACGT，从而创建了四个字符的代码。人类基因组计划发现，人类细胞中的 DNA 含有超过 30 亿个字符的代码。如果把它们打印出来，可以写满 130 个印刷成册的本子。如果一个字母读一秒，全部阅读将需要 95 年。而这些密码的意义仍然是一个谜。

因为每个 DNA 分子是双螺旋结构的，它是由缠绕在一起的两条 DNA 构成的。每条链都使用 ACGT 这些字母进行编码，长达数百万个字符。更重要的是，一条链上的碱基代码总是与另一条链上的碱基代码镜像相对。但这些链中只有一条链携带细胞活动需要使用的"活"的遗传密码。这条链被称为"编码"链，而相反的那条则被称为"反义"链。

ATCCADTCCAGGATCCADTCCAGGAT
ATCCADTCCAGGATCCADTCCAGATC
ATCGGATCCADTCCAGGATCCADTCCA
ADTCCATCGATCCADTCCAGGATCCAD
TCCADTCCATCGGATCCADTCCAGGAT
CAGGATCCADTCCATCGGATCCADTCC
CADTCCAGGATCCADTCCATCGGATCC
GGATCCADTCCAGGATCCADTCCATCC
CACGGGATCCADTCCAGGATCCADTCC
CADTCCACGGGATCCADTCCAGGATC
ATCCADTCCACGGGATCCADTCAGGA
CCAGGATCCADTCCACGGGATCCADT
CCADTCCAGGATCCADTCCACGGGAT

DNA 复制过程

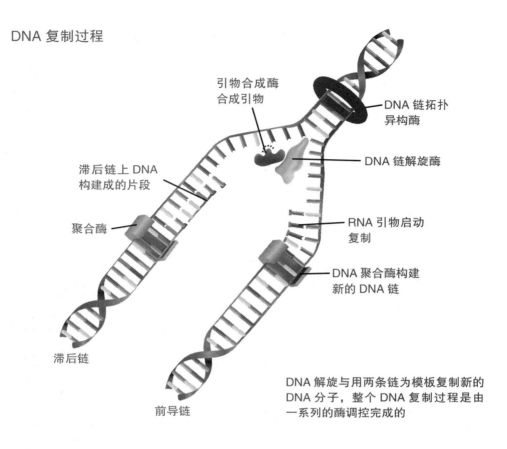

引物合成酶
合成引物

DNA 链拓扑
异构酶

DNA 链解旋酶

滞后链上 DNA
构建成的片段

RNA 引物启动
复制

聚合酶

DNA 聚合酶构建
新的 DNA 链

滞后链

前导链

DNA 解旋与用两条链为模板复制新的
DNA 分子，整个 DNA 复制过程是由
一系列的酶调控完成的

自我复制

在每个细胞分裂时，细胞核中的所有 DNA 必须被复制。在复制过程中，DNA 双
螺旋的一侧可以作为复制新 DNA 的模板。复制可以通过纯化学方法完成，这意
味着复制在一个称为自动催化的过程中进行。但在细胞内部，它被酶严格地调控，以
确保复制可以高保真地完成。双螺旋被解旋为两条链。个别游离的碱基与链上暴露的
碱基进行配对，并构建起一条新的核糖骨架，以保持它们处于适当的位置。其结果是
产生了两条相同的双螺旋。最后负责"检测阅读"的酶检查配对，以确保复制没有错
误发生。

DNA 的自我复制在染色体的水平，会产生被称为染色单体的两个结构，它们携
带相同的 DNA 分子。两条染色单体的链接处被称为着丝点。当染色单体在细胞分裂
过程分离时，它们本身就成了单独的染色体。

垃圾 DNA

在复制过程中，细胞中所有的 DNA 都涉及了。但当 DNA 代码需要被细胞读取时，只有链上某些部分被使用，其余部分则被简单地忽略了。包含有意义代码的双螺旋部分称为外显子，而未使用的部分则被称为内含子。

不同长度的内含子混杂在 DNA 的外显子之中。内含子通常被称为"垃圾 DNA"，表明它们没有用处。它们只是在那里，因为细胞在复制过程中忠实地将它们与 DNA 中所有的编码一起复制。然而，它的首选科学名称是非编码 DNA，因为它的实际效用还是有争议的，也许它有一些我们尚未知道的作用？根据最新的估算，超过90%的人类 DNA 采用非编码内含子的形式。这个数字远远高于简单的生物体，如细菌只有10%是内含子。所以随着 DNA 变得越来越复杂，内含子可能也随之自然而然地出现了。

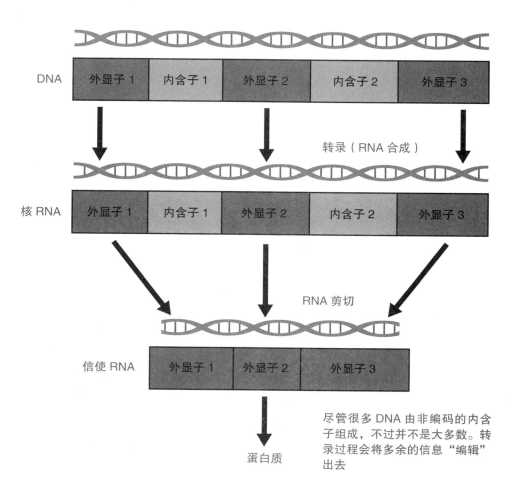

尽管很多 DNA 由非编码的内含子组成，不过并不是大多数。转录过程会将多余的信息"编辑"出去

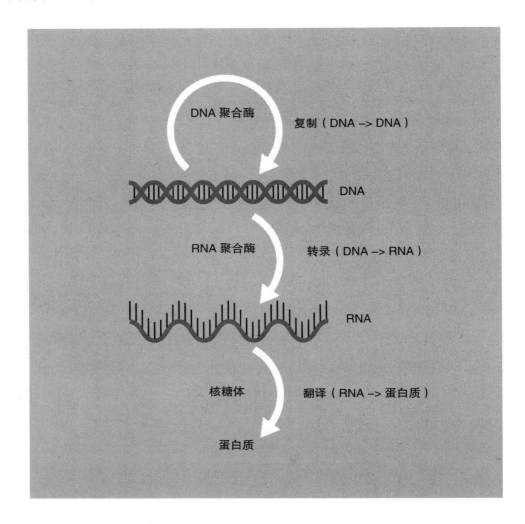

中心法则

双螺旋的发现只是解决遗传继承奥秘的第一步。在接下来的几十年中，一幅通过细胞破译和编辑 DNA 编码信息的画面，逐渐被拼接完整并展现出来。这种令人振奋的机制已经成为分子生物学的"中心法则"。

中心法则将特定的一部分 DNA（称为顺反子）与活细胞使用的特定蛋白相联系。每个顺反子包含构建一种单一蛋白质的信息。这意味着"顺反子"和"基因"是同一件事物的两个名词，即一个单位的遗传信息。

其次，中心法则表明顺反子的信息只能沿着一个方向进行传递。即 DNA 代码可用于产生蛋白质，但蛋白质的结构不能翻译成 DNA 代码。

RNA

虽然 DNA 形成了细胞基因的信息存储库，但是实际上细胞需要使用称为 RNA 的相关化学物质来读取它。RNA 是"核糖核酸"的缩写。RNA 分子的精细结构与 DNA 大致相似，除了由磷酸基团与核糖分子构成糖骨架连接方式不同。连接到核糖环上的羟基（OH）基团会影响结构，使 RNA 链不可能形成长的双螺旋。所以，它们通常被发现为坚固的短螺旋簇或单链。RNA 中的碱基有三个与 DNA 相同的碱基，即腺嘌呤（A）、胞嘧啶（C）和鸟嘌呤（G）。但是，RNA 使用称为尿嘧啶（U）的碱基来代替胸腺嘧啶（T）。因此，当涉及 RNA 时，DNA 的基因代码 ACGT 就转换为了 ACGU。由于与较脆弱的 DNA 分子相比，RNA 具有更坚固的性质，因此 RNA 是中心法则过程中的主力，在每个细胞内复制、传输和读取遗传信息。

RNA 结构式

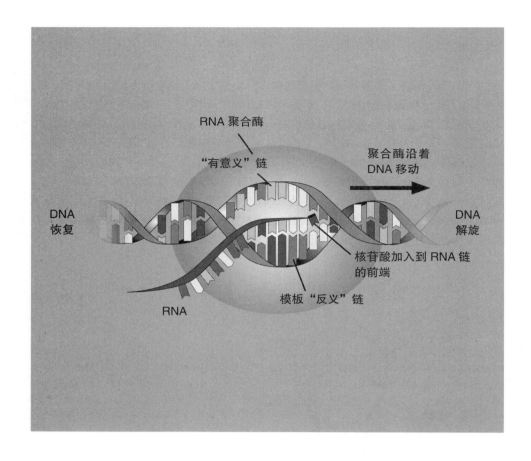

转录

虽然基因存储在细胞核中，但它们编码的蛋白质被组装在外面的细胞质中，具体说是在称为核糖体的微小细胞器上。因此，需要将基因复制并从细胞核中转运到核外的这些位点。复制的过程被称为转录，与 DNA 复制时的完整复制不同。它复制出单一的 RNA 链，而不是 DNA 链。转录的目的是复制那些"有意义"的链。有意义的链指的是那些携带蛋白质构建指令的单链 DNA 螺旋。因此，DNA 双螺旋被解旋，之后将相反的那条"反义"链用于 RNA 片段的模板。

该复制包含基因中所有的内含子以及外显子，通过剪切复制的 RNA 链中的内含子对其进行编辑。这种在细胞核中制成的单链被称为信使 RNA（mRNA）。然后它通过核膜中的核孔被牵引出来，并开始了到核糖体的旅程。

核糖体

被称为核糖体的微小体通常与其他的细胞器一起被归入到术语细胞器的范围内。但实际上是截然不同的，因为它们被发现在真核细胞和原核细胞中（根据定义，后者不具有任何被称为细胞器的大的内部结构）。核糖体的广泛分布，指出了其在细胞生物学中的重要性，以及它的原始性质。它们通常被推测为在真核生物和原核生物的进化分化之前就已经完成演化。

　　核糖体是读取编码在 mRNA 链（信使 RNA）上的信息并用于组装蛋白质的场所。核糖体本身大部分是由另一种形式的 RNA 构成，被称为 rRNA 或核糖体 RNA。核糖体 RNA 由一大一小两个亚基构成。在称为翻译的过程中，每条 mRNA 都会从 rRNA 的这两个单元之间穿过。

核糖体的结构

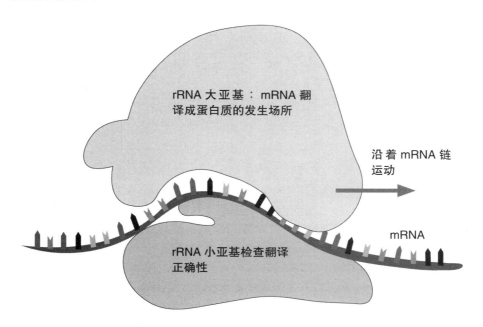

rRNA 大亚基：mRNA 翻译成蛋白质的发生场所

沿着 mRNA 链运动

mRNA

rRNA 小亚基检查翻译正确性

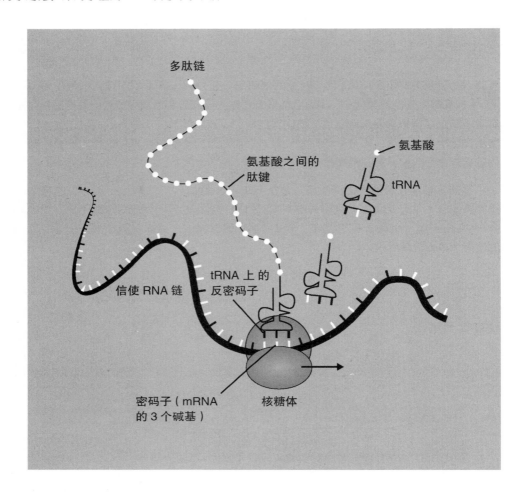

翻译

蛋白质合成涉及两个关键阶段，首先将 DNA 信息复制到细胞核中的信使 RNA 中（转录），之后使用该信息生产蛋白质，称为翻译。核糖体将 mRNA 暴露于由多个 RNA 结构组成的转运 RNA（tRNA）中。tRNA 是一个具有三个碱基在一端裸露的 RNA 的环。tRNA 暴露的三个碱基对应着核糖体中 mRNA 待结合的三个碱基。mRNA 的每三个碱基编码被称为密码子，而 tRNA 上的相应三个编码被称为反密码子。

　　mRNA 一次通过核糖体一个密码子，允许相应 tRNA 与每个密码子相匹配。在 tRNA 的另一端附着氨基酸，即蛋白质分子的结构单元。每个密码子和反密码子配对，对应着构建特定蛋白质，整个蛋白质需要数百个位置确定的特定氨基酸。组装蛋白质需要通过正确的顺序读取所有基因的密码子。

密码子

密码子是遗传世界和代谢世界之间的界面。密码子是简单的三字母碱基序列，每个碱基序列编码对应一个特定氨基酸，基因是以特定顺序排列的密码子的集合。该顺序转化为氨基酸链，就构成生物体使用的蛋白质分子的基础。遗传密码的四种字符可以产生总共 64 个可能的密码子（即 4^3）。然而，生物体仅使用 23 个氨基酸进行蛋白质合成，因此大多数氨基酸在代码中由多个密码子表示。

但是，还需要有密码子作为标记物来指示一个基因从何时开始到何时结束。ATG 是所谓的起始密码子或叫启动子。之后的每个密码子被翻译成氨基酸（包括 ATG，其随后代表氨基酸中的甲硫氨酸）。该过程一直持续到出现三种可能阻止翻译过程的终止密码子之一。

密码子	编码氨基酸	密码子	编码氨基酸
ATG	起始密码子	TTA, TTG, CTT, CTC, CTA, CTG	亮氨酸
GCT, GCC, GCA, GCG	丙氨酸	AAA, AAG	赖氨酸
CGT, CGC, CGA, CGG, AGA, AGG	精氨酸	ATG	甲硫氨酸
AAT, AAC	天冬酰胺	TTT, TTC	苯丙氨酸
GAT, GAC	天冬氨酸	CCT, CCC, CCA, CCG	脯氨酸
TGT, TGC	半胱氨酸	TCT, TCC, TCA, TCG, AGT, AGC	丝氨酸
CAA, CAG	谷氨酰胺	ACT, ACC, ACA, ACG	苏氨酸
GAA, GAG	谷氨酸	TGG	色氨酸
GGT, GGC, GGA, GGG	甘氨酸	TAT, TAC	酪氨酸
CAT, CAC	组氨酸	GTT, GTC, GTA, GTG	缬氨酸
ATT, ATC, ATA	异亮氨酸	TAA, TGA, TAG	终止密码子

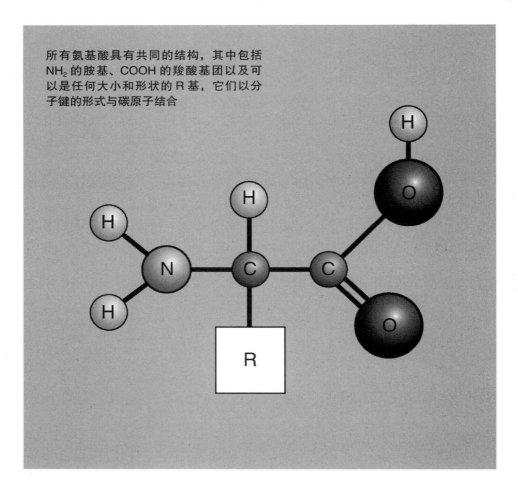

所有氨基酸具有共同的结构，其中包括 NH₂ 的胺基、COOH 的羧酸基团以及可以是任何大小和形状的 R 基，它们以分子键的形式与碳原子结合

氨基酸

我们经常说氨基酸是蛋白质结构的基本单位。这是真实的，但实际上在我们已知的 500 多种氨基酸中，只有其中的 23 种用于此目的（尽管少数氨基酸具有与蛋白质无关的代谢作用）。氨基酸只是一类有机（碳基）化合物，它们都含有一组羧基加上含有氮的胺基。羧基赋予氨基酸与醋和柠檬汁同样的酸度。

氮含量是一个关键因素。生物圈中的氮非常普遍，接近 80% 的空气都是由氮气构成的。然而，动物无法直接获取游离的氮。它们必须从其他生物的体内获得它们构建蛋白质所需的氨基酸。植物可以从土壤中获得硝酸盐用来转化为氨基酸（这就是为什么农民会使用肥料）。即使植物依靠细菌从大气中"固定"氮气，也必须将氮气转化为硝酸盐形式才能被使用。

蛋白质

人体使用超过 100 000 种不同的蛋白质，全部由长链状的氨基酸构成。单链氨基酸被称为多肽。一个顺反子（DNA 单位或称为"基因"）携带一个多肽的编码，一个蛋白质分子至少含有一个这样的多肽。许多时候含有两个或三个，每个多肽由单独的顺反子编码。

　　蛋白质可以包含 400 到 27 000 个氨基酸。这样大小的氨基酸的不同的排列方式是无限的。但是，基因中编码的精确排序使得每种蛋白质都具有独特的结构，从而使其具有特定的代谢作用。氨基酸的顺序是蛋白质的一级结构，而肽链上不同的氨基酸之间扭曲形成的化学键构建了二级结构，然后将这样的二级结构折叠形成了复杂的三级结构。蛋白质一级结构的单一变化就会带来新的二级和三级结构，从而产生非常不同的蛋白质。

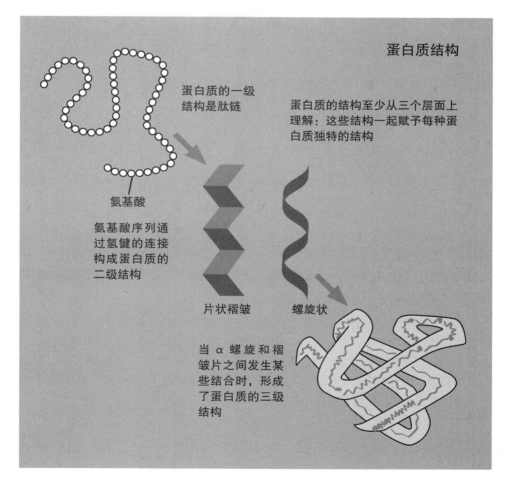

蛋白质结构

蛋白质的一级结构是肽链

蛋白质的结构至少从三个层面上理解：这些结构一起赋予每种蛋白质独特的结构

氨基酸

氨基酸序列通过氢键的连接构成蛋白质的二级结构

片状褶皱　　螺旋状

当 α 螺旋和褶皱片之间发生某些结合时，形成了蛋白质的三级结构

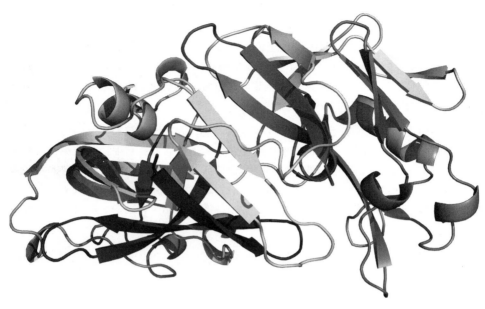

酶的功能来自于它的形状。折叠的
酶分子能够将其他的物质在一起以
特定的方式进行反应

酶

蛋白质通常被认为是肉类，特别是肌肉的代名词。虽然这是真的，肌肉的收缩确实是由成对的蛋白质分子相互牵引而产生。但蛋白质在整个动物体内还具有结构性的作用。胶原蛋白是个主要的例子，它形成了将身体保持在一起的皮肤基础层和其他的结缔组织。

然而，大多数蛋白质被用作酶。这些化学催化剂的生物等效物，促进了保持生物活性所需的许多化学反应。酶与这些反应密切相关，但不被消耗。每种酶基于它们的形状都具有特定的功能。它们在细胞内部和外部的工作。例如，DNA 的复制过程需要通过称为 DNA 聚合酶的酶在细胞核中进行调节。相比之下，分泌到口腔和胃中的淀粉酶是消化酶，其作用是将淀粉类食物分解成为更简单的糖。

锁钥理论

酶作用于被称为底物的特定靶分子。这种作用可能是通过酶的作用分裂一个分子，或者将两个或更多个分子连接在一起。酶能够使底物以特定的方式反应，因为自发性的开始反应所需要的能量太大。因此，酶能够以这种去除能量屏障的方式来操纵底物。对此，最好的猜测是"锁和钥匙理论"。

在这个模型中，酶是"锁"。这意味着它具有一个特定形状的活跃部位，即一个与基底接触的位置。底物就是活跃部位的"钥匙"。当它们装配在一起时，酶能够削弱底物中的特定化学键，拉扯一些区域，使一些区域聚集在一起进而引起反应。通常，伴随分子或辅酶是使酶功能运作完整所必需的，它们常来源于维生素。

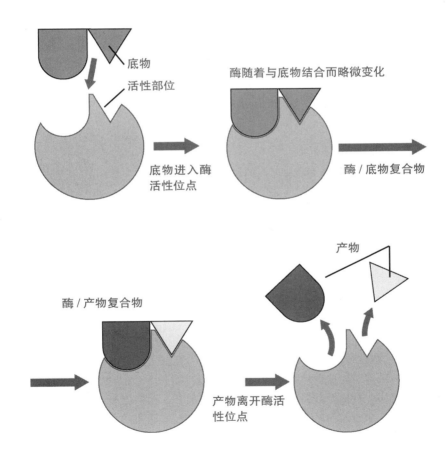

底物

活性部位

底物进入酶活性位点

酶随着与底物结合而略微变化

酶／底物复合物

产物

酶／产物复合物

产物离开酶活性位点

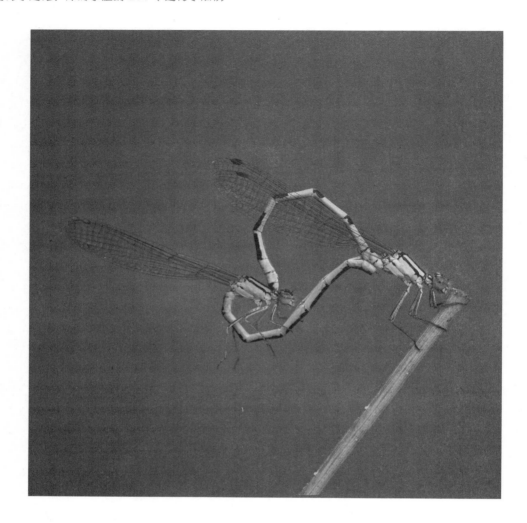

性别

考虑到它对地球上生命的重要性，有性生殖仍然是一种谜。绝大多数植物和动物都通过有性生殖来繁殖后代。从表面上看优势是显而易见的：有性生殖的后代含有父母双方遗传基因的混合物。如果明智地选择配偶，较弱的基因可以与更好的基因配对，创造出一种更好的品种，从而提高生存机会。但这样的系统如何演变而来还是一个谜。第一个有性生物将很容易在与现存的无性繁殖者的竞争中胜出。无性繁殖不需要找到伴侣就可以繁殖，它们在每一代中都传递了所有的基因。

但是，有性生殖是动植物的主要繁殖策略。这意味着大多数生命的形式被分为了男性或女性两种。有性生殖要求性别双方合作繁殖后代。

二分裂

在有性生殖出现之前，所有的生命形式都是由无性生殖产生的。这意味着所有的后代只有一个父母，所有的生物都有自我繁殖的能力。无性生殖是快速有效的，并且只允许生物单独生存在一个空的栖息地。无性繁殖的最简单的方法是二分裂，或者说的更简单些，就是一分为二。

只有单细胞生物可以通过二分裂的方式进行繁殖。使用二分裂繁殖的生物包括所有细菌、其他原核生物以及许多单细胞的真核生物。二分裂的过程类似于细胞的有丝分裂（见第35页）：生物的遗传物质被复制，细胞体积翻倍，然后分裂成两个新细胞。亲代和子代从分裂时开始发生变化。但通常来说，一个细胞可以被认为是原始细胞，这个亲代的原始细胞产生两个子细胞。在适宜条件下，细菌每20分钟可以进行一次二分裂，因此一个细胞在24小时内可以生出5乘以10的二十一次方（5×10^{21}）子代。

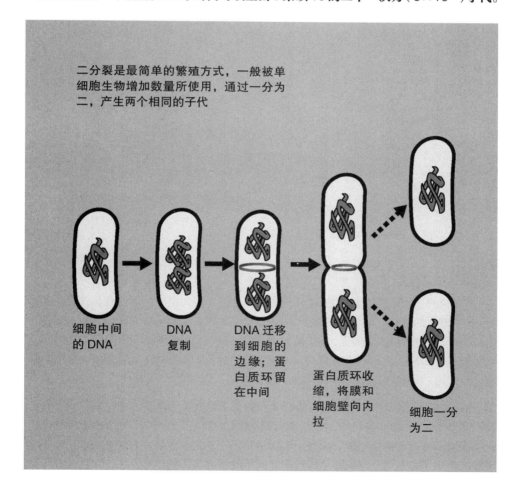

二分裂是最简单的繁殖方式，一般被单细胞生物增加数量所使用，通过一分为二，产生两个相同的子代

细胞中间的DNA

DNA复制

DNA迁移到细胞的边缘；蛋白质环留在中间

蛋白质环收缩，将膜和细胞壁向内拉

细胞一分为二

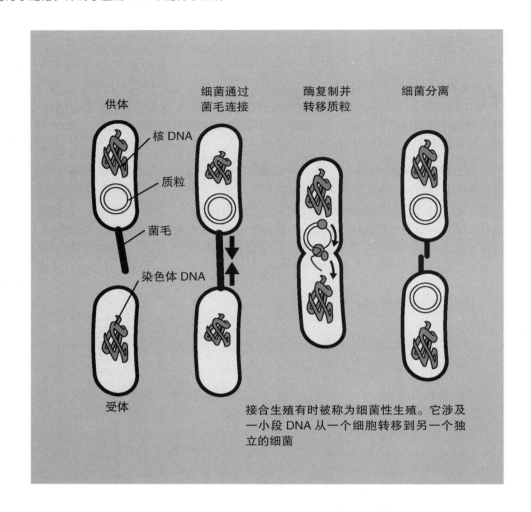

供体

核 DNA

质粒

菌毛

染色体 DNA

受体

细菌通过菌毛连接

酶复制并转移质粒

细菌分离

接合生殖有时被称为细菌性生殖。它涉及一小段 DNA 从一个细胞转移到另一个独立的细菌

接合生殖

　　分裂的子细胞含有其母细胞的 100% 的基因，一代细菌和下一代细菌之间只产生很小的变化。必须对快速繁殖的优势和缺乏变化的劣势之间进行权衡。生物的数量可以以指数速度增长，但任何袭击可能导致类似的生物大规模死亡：如果一种细菌被某种威胁杀死，那么所有的其他细菌就同样会死亡。为了解决这个问题，细菌已经发展出一种被称为接合生殖的基因遗传方式。

　　这个过程供体细菌将 DNA 转移给受体细菌。只有供者基因组的一小部分基因以质粒或 DNA 环的形式被转移。供体通过细胞膜上的纤毛延伸将另一个细胞拉在一起，菌毛连接到接受者的细胞膜，所以它们可以形成一个临时连接。仅当接收者不含有质粒时接合生殖才发生，这确保了该过程总是导致基因的扩散。

出芽生殖

    分裂可以繁殖出两个相同的子代，还有另一种形式的无性繁殖却在亲代和子代之间产生了明显的区别，这个过程被称为出芽生殖。它不仅限于单细胞生物，还包括简单的多细胞生物，如珊瑚、扁虫和海绵也可以做到这一点。顾名思义，出芽生殖并不仅仅是一个亲代分为两个。而是，后代作为亲代身体上长出的子代或萌芽而出现。

    当它已经长到足够大的尺寸以独立生活时，芽就会脱落。这个子代比它的亲代要小，并且将继续成长，达到成熟的大小后才开始产生自己的芽。了解动物如何以这种方式繁殖一个全新的个体，可能会影响人类使用干细胞（见第 197 页）来治愈损伤。分裂生殖是无性繁殖的另一种替代形式，被蠕虫和一些海星使用。亲代可以分成几个部分，每个部分都可以发育为一个完整的个体。

水螅，水母的亲戚，通过简单地生长和释放它身体的一部分或者出芽投入水中来繁殖，这样就成了一个新的个体

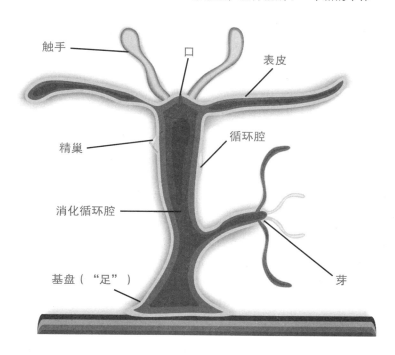

触手　　　　　口　　　　表皮

精巢　　　　　　　循环腔

消化循环腔

基盘（"足"）　　　　　　　　芽

单倍体基因的数量是携带全套基因所需
的染色体数量。大多数体细胞是二倍体，
这意味着它们有两套完整的染色体

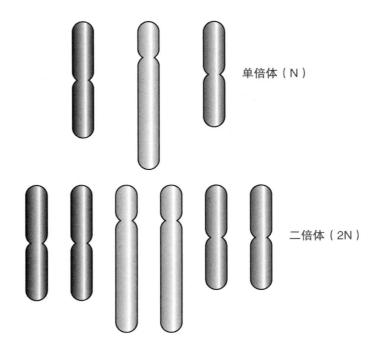

单倍体（N）

二倍体（2N）

多倍体

无性繁殖通过简单的复制将遗传物质传播给它的下一代。而有性生殖需要子代从
亲代双方身上获取遗传物质。孟德尔自由组合定律告诉我们，所有的等位基因
都是相互独立地传递的。所以这排除了男性亲代提供一半的基因，而女性亲代提供了
另一半基因想法。其实两性都提供了一整套的等位基因，因此后代的细胞中含有的遗
传物质是双倍体。

这个概念被总结为"倍性"的原则。无性生物是单倍体，这意味着它的细胞中只
有一组等位基因。有性生物是二倍体，它们有两套等位基因，但为了有性生殖的目的，
这两组基因会分离为单组基因。这种分离的结果是形成一种仅含有一组等位基因的性
细胞或配子。也许会令人困惑，配子有时被描述为单倍体，这意味着配子只含有通常
数量等位基因（二倍体）的一半。

精子

雄性配子或性细胞是精子。通常情况下，它是一种高度移动的细胞，由单个鞭毛驱动。令人惊讶的是，使用这种能够以游泳方式"活动"的活跃性细胞的生物不仅是动物，还包括苔藓，蕨类植物和一些针叶植物。开花植物和真菌使用的是非活动精子，在这些植物中，精子被包裹在被称为花粉粒的结构中。它们仍然能够移动，但必须依赖某种运输方式（见第 79 页）。

性别之间的差异可以概述为精子和卵子数量的比较中。如果需要，精子可以移动很远的距离。但它只携带一种小型货物，单倍体的遗传物质。当它遇到卵子时，它所携带的物质被传递到卵子内部，精子的工作就完成了。这是雄性对生殖的定义贡献，这意味着雄性可以以最低成本使用生物资源和能量生产大量的性细胞。

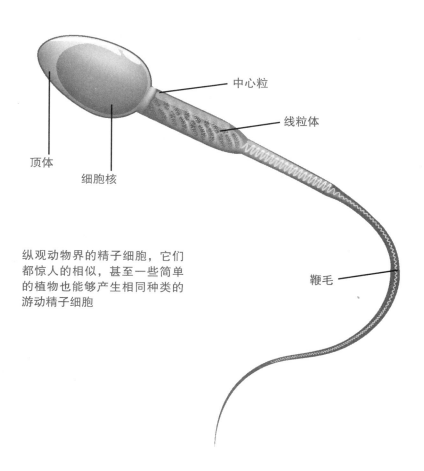

中心粒

线粒体

顶体

细胞核

鞭毛

纵观动物界的精子细胞，它们都惊人的相似，甚至一些简单的植物也能够产生相同种类的游动精子细胞

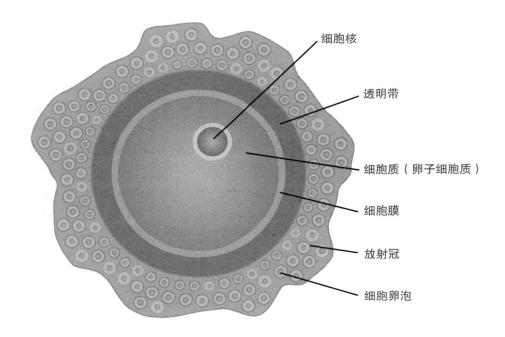

细胞核

透明带

细胞质（卵子细胞质）

细胞膜

放射冠

细胞卵泡

卵细胞或者说卵子一旦从精子接收染色体，就成为新生物体第一个包含所需物质的细胞

卵子

卵子是雌性配子，也称为卵细胞。它与雄性精子几乎没有什么不同。精子长约 0.05 毫米，包括长尾巴，而人类的卵子大约 0.1 毫米宽，非常典型，几乎肉眼可见。在鸟类和爬行类动物卵中的细胞比这大很多。

卵子较大的尺寸体现了它的作用。像精子一样，它是单倍体，在其核中含有一整套基因。精子的遗传信息传递到卵子。卵子还携带促进新个体发育的所有营养和细胞器。这种材料储存在细胞的大量细胞质中称为卵泡，但通常被称为蛋黄。在任何细胞中，卵泡都被膜包围。但在细胞周围还有更多的保护层，它们在那里接受成功抵达的精子并确保没有更多额外竞争的精子进入。

减数分裂

配子是动物体内唯一的单倍体细胞，因此只能通过一种被称为减数分裂的特殊分裂方式来产生。减数分裂可以将一个二倍体细胞转化为四个单倍体细胞，而不是像其他分裂一样转化为两个。减数分裂发生在性腺或性器官中。女性的性腺一般被称为卵巢，男性的性腺则有各种名称（人类男性性腺称为睾丸）。

有丝分裂过程用来牵引遗传物质的纺锤丝（见第 35 页）也同样在减数分裂中起作用。但有一个关键的区别：减数分裂是两次分裂。第一次分裂形成两个单倍体细胞。它通过将同源染色体分组来实现。同源染色体分组就是把从亲代遗传的最初的染色体按照相同等位基因进行配对。第一步分离同源染色体对，而第二步则是将染色单体（姐妹染色单体）分开拉伸，和有丝分裂一样。最终结果是产生四个子细胞，其染色体数量是母细胞的一半。

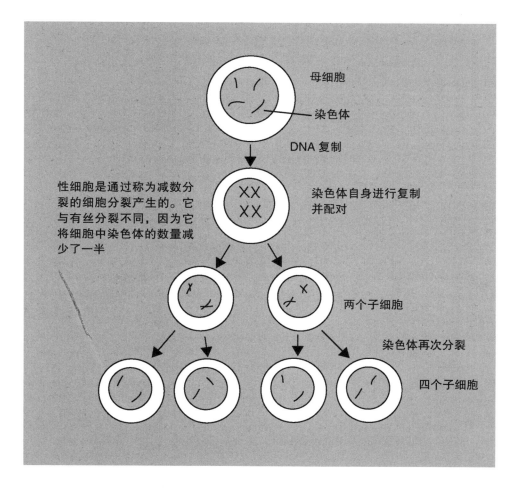

母细胞

染色体

DNA 复制

染色体自身进行复制并配对

性细胞是通过称为减数分裂的细胞分裂产生的。它与有丝分裂不同，因为它将细胞中染色体的数量减少了一半

两个子细胞

染色体再次分裂

四个子细胞

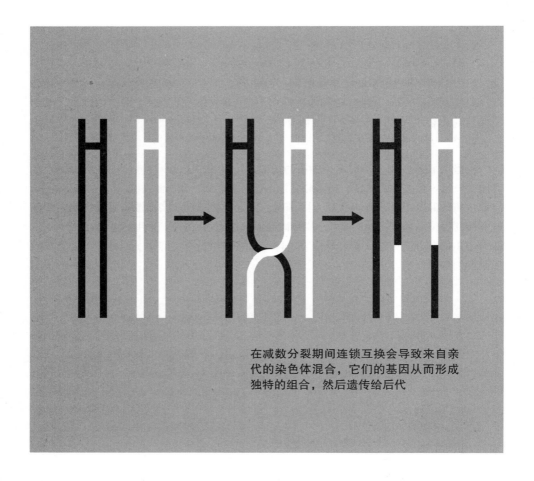

在减数分裂期间连锁互换会导致来自亲代的染色体混合，它们的基因从而形成独特的组合，然后遗传给后代

互换

减数分裂的结果是一个亲代继承来的染色体被彻底洗牌并遗传给了自己的后代。这是第一次减数分裂期间，在染色体水平上完成的。由于同源对被随机分开，因此在产生的细胞中，父系染色体和母体染色体可以一起结合。然而，在称为染色体配对的过程中，同源染色体之间还发生了进一步的交换。

当同源对排列准备好进行减数分裂的第一次分裂时，连锁互换产生了。在这个阶段，染色体由两条相同的染色单体组成，相邻染色体的染色单体交织在一起。在那里交缠在一起的染色体被大块切割与相邻的染色单体交换。这导致每个染色体上的原本相同的染色单体现在携带了不同的基因。最后，通过减数分裂产生的四个单倍体细胞，每个染色体都包含了唯一版本的遗传物质。

受精

配子的形成只是有性生殖创造后代的第一个阶段。为了形成一个新的个体，雄配子和雌配子必须经过一个叫作受孕或受精的过程来融合。

对于受精而言，配子需要同时聚集在同一个地方。人类通过反复尝试的交配方法进行内部受精（许多其他的动物也使用各种各样的交配方法）。鱼，青蛙以及许多无脊椎动物依靠体外受精。它们将精子和卵子在体外混合在一起。高等植物利用被动转移配子的方式完成授粉过程（见第 79 页）。

在细胞水平上，一个精子可以使一个卵子受精。精子穿过卵子的外层，释放它的染色体，使细胞变为二倍体，形成了一个"合子"。这是一个新的独特个体的第一个细胞。

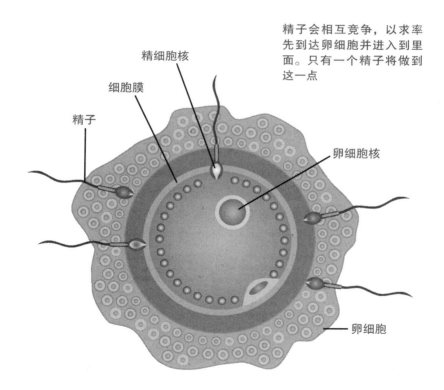

精细胞核

细胞膜

精子

精子会相互竞争，以求率先到达卵细胞并进入到里面。只有一个精子将做到这一点

卵细胞核

卵细胞

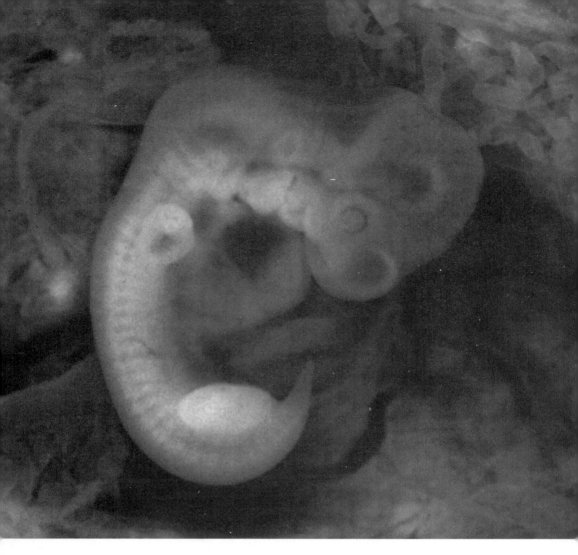

胚胎

胚胎是有机体发育的最早阶段。它通常是生物刚孵化或出生后所经历的快速生长发育的时期，通过这个时期生物将变得能够独立生活。植物的胚胎发育则有所不同，它的胚胎被包含在种子中。植物胚胎的主要生长和发育直到种子发芽后才开始，最后萌芽发育成独立生活的个体。

所有的胚胎都以一个称为受精卵的单细胞开始。这是两个单倍体性细胞通过融合形成的二倍体产物。使用储存在蛋黄或卵子细胞质中的能量，受精卵通过有丝分裂的方式进行卵裂，迅速形成一个球状细胞团。在动物中，这个球被称为囊胚，从这时开始，细胞开始分化为最终构成动物体不同层和组织的不同细胞。植物胚胎包括被称为下胚轴的胚胎主干、根或者是根的胚胎，以及被称为子叶的一片或两片像营养包的胚胎叶。

干细胞

66干细胞"的概念正在变得让人熟悉。它具有对损伤和患病的身体部位重建的潜力，因此被发展为一种令人兴奋的新型医疗工具。这一点是可能的，因为整个身体都是由干细胞发育而来。任何复杂的生物都是由许多专门用于执行特定工作的不同类型细胞组成的。一旦被特化，细胞及其子细胞就将无法发育为另一种类型。只有干细胞能改变自身的功能。

受精卵被认为是"全能"的干细胞。这意味着它能够特化为任何细胞类型，也可以产生更多的全能干细胞。胚胎是由这些全能细胞发育而来，它通过连续多次的特化来产生身体中许多类型的细胞。一个完成生长的成年人体内仍然含有干细胞。这些被称为"亚全能"，意味着它们不能用于建立新的胚胎，但它们可以发展成为已经在体内的任何类型的细胞。

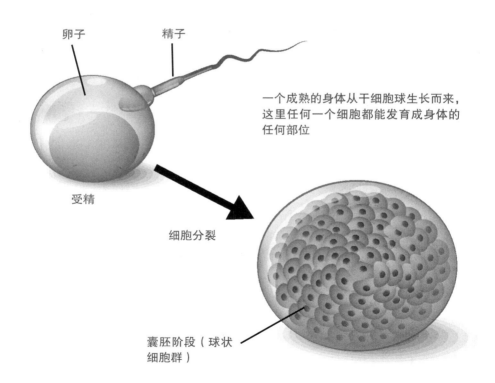

卵子

精子

受精

一个成熟的身体从干细胞球生长而来，这里任何一个细胞都能发育成身体的任何部位

细胞分裂

囊胚阶段（球状细胞群）

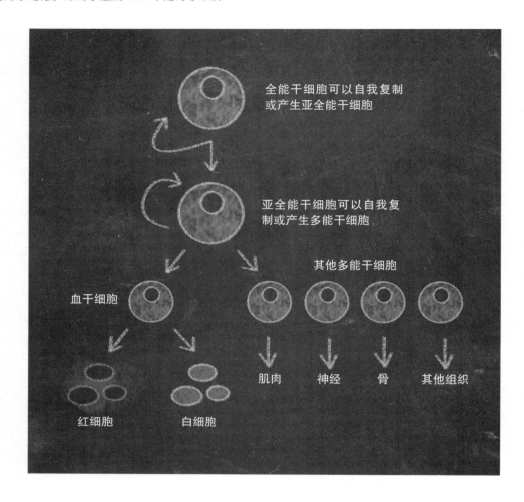

全能干细胞可以自我复制
或产生亚全能干细胞

亚全能干细胞可以自我复
制或产生多能干细胞

其他多能干细胞

血干细胞

肌肉　神经　骨　其他组织

红细胞　白细胞

细胞分化

多细胞生物本质上是彼此协调的大量基因相同细胞群。每个细胞都以某种方式进行分化，这意味着它通过部署一组特定的基因在体内发挥特定的作用。体内有三种主要的细胞类型：生殖细胞、体细胞和干细胞。干细胞创造其他两种类型的细胞，生殖细胞会发育成为配子，体细胞构成其他的一切。

体细胞源于干细胞一连串的分裂。全能干细胞分裂成为亚全能干细胞，亚全能干细胞产生更多的"多能"细胞。这些细胞有潜力发展为一类相关的体细胞，例如不同种类的血细胞。随着细胞分化层层递进，细胞潜能也逐步降低，直到成为特定类型的体细胞（例如红细胞）。体细胞通常不能分裂（肝细胞是一个例外），因此新的细胞只能通过干细胞的分裂产生。

组织

生物术语中的组织指的是身体中不同系统工作方式的单位。它是一组相同来源的细胞,即特定种类的干细胞,并且都使用相同的遗传指令在体内进行特定的工作。举个例子,肌肉、肠道的内壁以及通过植物茎和叶的导管都是组织。

除去像海绵这样的简单生物,几乎所有的动物组织来源于在胚胎发育开始时形成的三层细胞(植物也发育有三层结构,虽然和动物组织不同)。外胚层即外面一层的细胞,发展成为神经组织包括脑、皮肤、牙齿、毛发和汗腺等。中胚层在中间层成为结缔组织,如骨、血管、软骨和肌肉。最后是内胚层也是最内一层,形成内脏如肺、消化道和肝脏。

通过显微镜切片研究组织

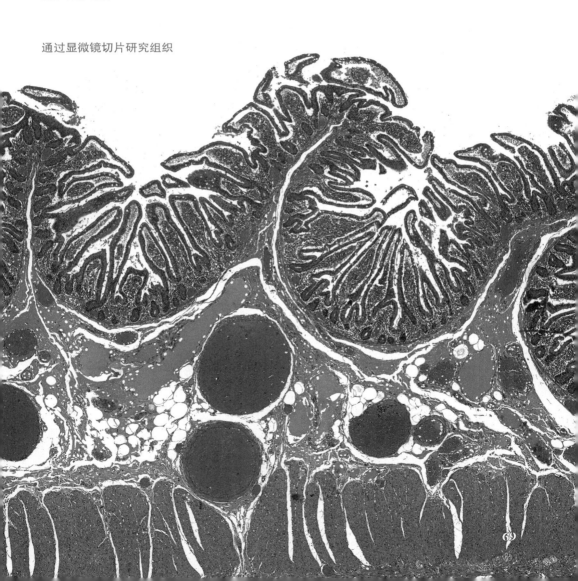

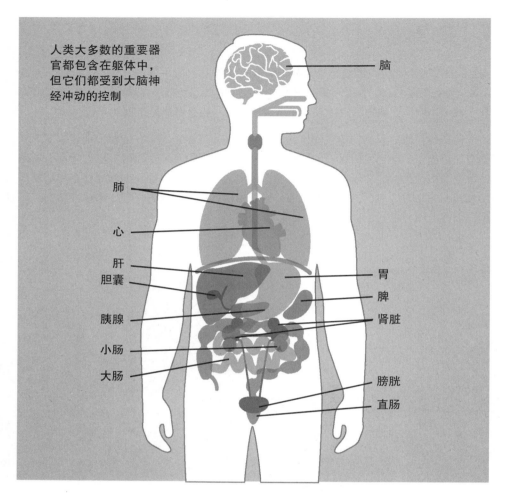

人类大多数的重要器官都包含在躯体中，但它们都受到大脑神经冲动的控制

脑

肺
心
肝
胆囊
胰腺
小肠
大肠

胃
脾
肾脏

膀胱
直肠

器官

器官是组织复杂化的下一个阶段。简单地说，它是不同组织组合在一起的集合，用以在体内执行特定的核心功能。根据这个定义，植物的器官就是它的根、茎、叶和花，每个器官都是不同组织的集合。在人类中，我们经常提到重要的器官有脑、心脏、肺、肝和肾，如果没有这些器官生命将变得不可能继续下去。所有动物都有某种类似的器官，与我们每个重要的器官发挥相同的作用（例如，鱼具有鳃而不是肺，昆虫不通过肾脏排泄而是通过称为马氏管的器官）。

除了所谓的重要器官，身体还有许多其他的器官例如鼻子、眼睛、各种腺体当然包括性腺。了解个体器官作为身体系统的核心部件，如神经系统、消化系统、循环系统（血液）等将更有帮助。

卵生

大多数动物的生命周期中都涉及了"产卵"。卵生生物的发育在母体之外完成的，最明显的例子是鸟类或爬行动物在内部受精后产卵。胚胎在离开母亲之前并没有开始真正的生长。

　　鱼、青蛙和水生无脊椎动物使用更简单、更原始的产卵方式。它采用体外受精，雌性释放卵，然后雄性再释放它们的精子，尽可能使它们有效的混合。受精卵可以很容易地飘走，或者停留在安全的地方。但是，亲代的一方或两方经常会提供某种保护。体外受精的方式使雄性成为最后留在现场的亲代。可以这么说雌性可以离开，留下雄性"抱着婴儿"。因此，雄性青蛙常常是后代的主要照顾者，而使用体内受精的产卵生物则是相反的情况。

卵

产卵生物的胚胎发育完全在一个称为卵的独立容器内完成。在这里术语变得容易混淆。所讨论的卵主要是指雌性所产的卵，但现在它也包括受精卵。大多数爬行类动物以及从其进化出的后代（包括最高级的哺乳动物，例如长着像鸭子嘴的鸭嘴兽）都会产下由坚韧蛋壳包裹卵黄的卵，这个我们很好识别。外壳在卵细胞或卵子周围形成。实际上整个物体仍然是一个巨大的细胞，只是与正常体细胞相比太大了。外壳使蛋防水，因此可保持其卵黄能量供应有一个干燥的环境。然而，外壳是可渗透空气的，内部的胚胎需要氧气进入，所以带壳的卵不能在水下生存。而大多数产无壳卵的动物放置方式通常是相反的。昆虫用蜡质的物质包裹在卵上以阻止卵变干。但一般来说，这些卵必须是保存在水下的，或者至少是保持湿润的，才能成功地发育。

胎生

替代卵生的繁殖方法是"胎生"，胚胎在母亲体内发育，出生时没有蛋壳的保护并处于比较成熟的发育阶段。哺乳动物主要采用胎生，虽然蝎子、鲨鱼和几种蜥蜴也是这样做的，但不是完全相同的。

事实上，卵胎生与胎生之间有一个重要的区别，即它是卵产和胎生的中间地带，卵子被保留在母亲体内，但却得不到她的直接营养。有时卵在母亲体内孵化，但幼体仍在留在里面，并且可能会吃掉它的兄弟姐妹。这种同类相食的胎生方式在大鲨鱼中也可见。另一种为幼体提供营养的方法是，由它们的母亲从卵巢供应一些不育卵来作为食物。最后一种胎生是通过胎盘或类似的器官从母体内获取营养，就像在人类身上看到的一样。

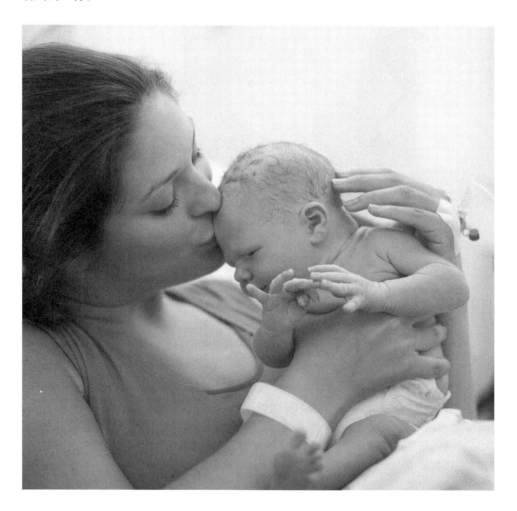

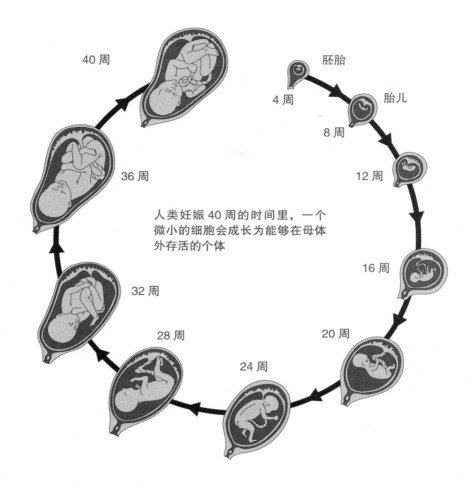

40 周

36 周

32 周

28 周

24 周

20 周

16 周

12 周

8 周

胚胎

4 周

胎儿

人类妊娠 40 周的时间里，一个微小的细胞会成长为能够在母体外存活的个体

怀孕

胚胎在一个胎生动物的母体内的发育时期被称为妊娠期。在哺乳动物中，我们使用"怀孕"这个词，但怀孕描述的是母亲状态——妊娠则是指胚胎的活动。携带幼崽的非哺乳类动物很少被称为怀孕（pregnant）。作为代替，它们被称为是"妊娠（gravid）"。

胚胎孕育在一个叫作子宫的空间里。这通常是输卵管的一个扩大部分，连接卵巢和生殖器开口的通道。母亲为里面的胚胎提供营养。蝎子通过从子宫中生长出来的"憩室"来实现这一目标。它连接到母亲的肠道。蝎子就这样收集子宫壁上分泌的营养物质。大多数哺乳动物通过胎盘将胚胎与母体的血液连接起来获得供给。这个器官在胚胎形成期由胚囊形成。有袋动物的子宫太小，不能保障胎盘的工作，所以它们的幼仔在外面的袋子内完成它们的妊娠。

多胞胎

　　一次怀孕可能涉及多胎妊娠，并导致一个以上的后代出生。在较小的哺乳动物中，这是正常的，雌性从卵巢中同时释放出几个卵子。弗吉尼亚的负鼠一次生下了50多个的胎儿，尽管母亲最多只能哺乳13个，所以大多数小负鼠都是直接死去。像这样繁殖的后代是异卵生的，这意味着虽然它们是同时出生的，但由不同的受精卵发育而来。这样看来它们与出生在不同时间的兄弟姐妹没有什么区别。从人类的角度来说，这样的两个孩子就是异卵双胞胎，虽然他们可能是兄弟姐妹！

　　然而，也有可能从单个受精卵即一个单一的受精卵中产生多胞胎。例如，犰狳妈妈通常在发育早期就会从单一的受精卵中分裂出相同的四胞胎。当这种情况发生在人类身上时，它就产生了同卵双生的双胞胎，基因完全相同，因此他们的性别也总是相同的。

生理周期

在所有具有胎盘的雌性哺乳动物中，生理周期的目的是为了让子宫准备好接受受精的卵子，以便形成之后的胚胎。在发育的第一周，受精卵和囊胚漂浮在子宫内。在这段时间之后，细胞球会变得更大并植入到子宫壁上，在那里它建立了一个与母亲血液供应的胎盘连接。

生理周期确保了卵成熟并从卵巢中排出即在合适的时间排卵，这样当它到达子宫的时候，内层已经变厚，准备接受它植入。如果卵子在到达子宫的过程中遇到精子，那么产生的受精卵将会暂停发情周期，并为胚胎的到来做好一切准备。如果受精没有发生，卵子就会退化，子宫内壁会在月经出血的时期脱落。然后循环再次开始，卵巢成熟一个新的卵子，子宫内膜再次增厚。

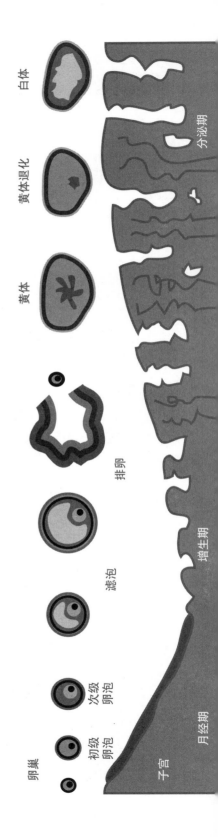

孤雌生殖

孤雌生殖这个词来源于希腊的单词"处女之子"。它是一种从植物、许多无脊椎动物、鱼类、两栖动物和爬行动物中看到的无性繁殖。在鸟类中发现了一些这样的反常现象，但在哺乳动物中从未有过。孤雌生殖使用有性生殖的机制，但后代的产生不需要受精卵。在减数分裂产生卵子的过程中（见第 63 页）只产生两个二倍体的子细胞，这是可能的。具体的步骤各不相同，但在某些时候，单倍体细胞会合并回一个二倍体细胞。

有些物种只能通过孤雌生殖来进行繁殖，因此该物种的所有成员都是雌性。然而，其他物种在生存条件良好时采用孤雌生殖来繁殖，但在其他时候恢复为有性生殖。在某些孤雌生殖中，雄性的精子（或花粉）仍然需要用来刺激雌性的卵子，但精子的基因并没有被传递给卵子。

一个蚜虫产下了一个已经有更多相同的雌性孙代在体内发育的雌性子代

一对豹蛞蝓通过缠
绕它们的雄性生殖
器来交配

雌雄同体

有时人们对"雌雄同体"这个词存在误解，许多人认为雌雄同体可以在不需要性的情况下繁殖。这种困惑可能源于这样一个事实，即一些雌雄同体的生物只能与自己发生性关系。雌雄同体是一种既有雄性也有雌性生殖腺的生物体。这在很大程度上是开花植物的标准特征，但对一些动物也是如此。

雌雄同体的例子包括蜗牛、蛞蝓和蚯蚓——也就是说，它们同时拥有两个性器官，其中的一些（但不是全部）能够用自己的精子使自己的卵子受精。还有一些动物体现了时间变化上的雌雄同体，从一种性别开始，随着年龄的增长而变化。小丑鱼（海葵亚科）作为雄性开始生活，在以后的生活中成为雌性。

授粉

授粉是高等植物针叶类和开花植物的配子转移的方法，它们都产生种子。雄性的性细胞被安置在花粉粒内，它可以凭借这样的结构完成从一个植物到另一个植物的旅程。针叶类植物依靠风把它们的花粉粒从雄球花中吹出来，并落在附近的雌球花上。许多开花植物如草本植物和橡树，依靠风媒传粉。它们的花通常长、细、不显眼，这些特征可以用来捕捉到风，而不是用来吸引眼球的。依靠昆虫或其他动物传递花粉的花朵是明亮的、有香味的且带着花蜜的，这些花朵更容易吸引到传粉者。

花粉一旦到达另一朵花，就会被收集在一个叫作柱头的高而黏的受体上。为了让它的性细胞进入卵子，花粉管向下延伸到子房。受精后，种壳内的每一卵细胞生长成一个胚胎，并被果实所包裹。果实通常是由子房和花的剩余发育而来的。

这些相似的蕨类植物只是这种植物在生长过程中两种身体形态之一

世代交替

在动物中，只有生殖用的细胞配子是单倍体（只有正常配对染色体的一半），但植物却不是这样。相反，植物体的二倍体和单倍体交替出现，这种现象被称为"世代交替"。二倍体是孢子体，单倍体是配子体。

在高等植物中，配子体雄性花粉粒和雌性胚珠（花中的一个卵形容器）很小，完全依赖于孢子体。但在"较低等"的植物中，比如苔藓和蕨类植物，这两种世代形成了更大的结构。在苔藓中，配子体是主要的世代，而蕨类植物是"高大"植物的祖先，它们的孢子体是主要的世代。孢子体内的减数分裂（见第63页）会释放出单倍体孢子，它生长成一个配子体，其中产生了生殖细胞精子和卵子。在大雨中，精子可以游到邻近的植物，受精卵发育成为在下一代的孢子体。

进化

生物体能够随着时间的推移从一种形式转变为另一种形式。提到这种观点往往让人联想到查尔斯·达尔文。他的观点赢得了进化论的争论。但他不是第一个提出了这种观点。希腊哲学家亚里士多德在更早就播下了一颗思想的种子。他认为，所有的自然事物都力求在宇宙中发挥作用，而活着的生物能够改变它们的生存形式来追求这一目标。随着现代科学方法在18世纪的发展，生物分类学家中形成了两种相反的观点。有些人认为，每个生物体都属于某种类型的物种，而这是自然的一个不变的事实。另一些人则指出，地球浩瀚的年代（这个时间已经变得越来越被了解）证明了今天的生命形式在过去的时间里可能以其他方式生存。伊拉斯谟·达尔文（查尔斯的祖父，见第85页）认为，大型动物都是来自于一个微小的祖先。我们面临的挑战是找到一种合理的机制来解释这种情况。

鸟类、恐龙和爬行动物都有共同的祖先，然而不同的进化压力和过程导致了它们不同的样子

自然发生说

对生物进化的早期固有观点是，新生命是不断从非生物中形成的。这种"自然发生"的概念表明微生物（细节仍有待研究）都来自于腐烂的生物体和它们的排泄物。这一观点的诞生在细胞理论被制定出来（见第 33 页）前的几十年。因此自然发生说被认为是对观察现象的最佳解释。因为在腐烂的物质上，霉菌和其他细菌似乎凭空出现一样。即使是相对复杂的生物如蛆和蜷缩在粪便中的甲虫幼虫，它们也都是由无机材料直接形成的。自然发生说被认为为进化提供了起点，每一种原始生命形式都在努力提高生物的级别。这种"目的论的必要性"，即积极寻求改善的有机体，直接脱离了亚里士多德哲学，被认为是进化背后的驱动力。即使在今天，这种想法也很难动摇。

获得性特征

现代生物学是由博物学家的工作发展而来的。这些人是 18 世纪的自然爱好者，通常是一些神父，他们开始记录并整理自然世界。每一种生物都属于一种特殊的类型，或被称为物种，其中的个体都有一组相同的特殊特征。这种"特定"的特征被认为是不变的，它是这种生物独特本质的总和。这一概念在遗传的本质被理解之前很难反驳。

因此，当寻找到一种在物种内彼此不同且在逐渐进化的现象时，博物学家认为这些特征是"获得性特征"而非特殊特征。身体的变化是对活动和环境的反应。例如健美运动员的肌肉或者手部皮肤上的表皮通过锻炼会变得更厚。早期的进化理论表明，这种后天获得的特征可以遗传，从而使物种得以进化。

拉马克学说

法国博物学家让·巴蒂斯特·拉马克在 1809 年提出了第一个完整的进化理论。他使用"转型（transmutation）"这个词来描述一个物种在许多世代中可能发生的变化。这一理论被达尔文学说所取代，但它的核心思想现在随着表观遗传学的发现而复兴（见第 174 页）。

　　拉马克认为进化有一个方向，大自然努力改善并发展更复杂的形式。他还提出了这样一种观点：进化有助于改变生物体，使它比它的祖先更适合环境。"拉马克学说"中转型的动因是生活中获得性特征。据此，有了最著名的错误例子。每一代长颈鹿都通过伸长脖子达到最新鲜的叶子。它们的后代继承了长的脖子，并延续了这个过程，导致了脖子更长的后代。而在今天的长颈鹿的脖子被认为已经"足够高"，因此停止了上升的趋势。

查尔斯·达尔文

查尔斯·达尔文（1809—1882）是史上最著名的科学家之一，他的自然选择进化理论成就了最伟大的科学思维转变之一。达尔文对自己作为一名科学巨匠的角色显得有些沉默，而大多数支持他的理论的人与那些持反对意见的人，其中包括教会领袖对抗。

达尔文出生在什罗普郡。他的父亲是一名医生，他的母亲是韦奇伍德陶瓷的继承人。查尔斯最初在爱丁堡学医，但没有成功，因此他的父亲将他家搬到了剑桥，在那里，达尔文对自然历史的热情得到了进一步的发展，他详细研究了在周围乡村发现的甲虫。他还研究了威廉·佩利的收藏品。毕业后，达尔文受到的兼收并蓄的教育让他很好地思考了一些不可思议的事情。

小猎犬号航海记

形成查尔斯·达尔文进化理论的许多最有力的观察是在环游世界的小猎犬号上进行的。小猎犬号的任务是一个和平的使命，负责调查南美洲和太平洋岛屿的海岸。罗伯特·菲茨罗伊船长（后来英国气象预报的创始人）想找一名有科学头脑的平民加入他的团队，成为他的同伴。达尔文在几个月前就已经毕业了，尽管他必须自己支付费用，但他接受了这个提议。

这次航行把达尔文带到了非洲、南美洲、新西兰、澳大利亚和许多岛屿，包括太平洋中部赤道上的加拉帕戈斯群岛。这段旅程持续了 5 年，其中大部分时间达尔文在岸上收集和比较他从一个地方找到的生物。他在不同大陆上发现明显不相关的物种之间具有相似之处，这是他进化理论的起点。

阿尔弗雷德·罗素·华莱士

达尔文并不是唯一一个在 19 世纪中期思考进化如何塑造动植物的身体的博物学家。在达尔文住在亲戚家中一个人暗自思考他庞大的理论时，威尔士探险家华莱士（1823—1913）正在马来西亚和印度尼西亚的岛屿上进行自己的探索之旅。世界上的这一地区是许多动物之间的边界，一边的祖先来自于右澳大利亚，另一边来自于亚洲。今天，这条穿过西里伯斯海和龙目岛的边界，被称为"华莱士线"。

华莱士看到的最接近的物种是在邻近地区发现的，它们之间的差异似乎遵循了一个循序渐进的规律，就好像每个物种都是从它的邻居那里进化而来的。华莱士在 19 世纪 50 年代曾写信给达尔文，询问他对进化的看法。这刺激了达尔文，他酝酿已久的理论最终发布了。

ON

THE ORIGIN OF SPECIES

BY MEANS OF NATURAL SELECTION,

OR THE

PRESERVATION OF FAVOURED RACES IN THE STRUGGLE FOR LIFE.

By CHARLES DARWIN, M.A.,

FELLOW OF THE ROYAL, GEOLOGICAL, LINNÆAN, ETC., SOCIETIES;
AUTHOR OF 'JOURNAL OF RESEARCHES DURING H. M. S. BEAGLE'S VOYAGE
ROUND THE WORLD.'

物种起源

从小猎犬号返回英国后，查尔斯·达尔文与他的表姐爱玛·韦奇伍德结婚，并定居在乡下过着舒适的生活。然而，他们的 10 个孩子中有 3 个在婴儿期就夭折了。死亡沉重地压在达尔文身上，而他多年研究的进化论所带来的巨大影响也是如此。只有少数几个同事听说过这一点，但达尔文计划最终将在以"自然选择"为名的大型作品中展示他的成果。

然而，1858 年，达尔文收到了阿尔弗雷德·罗素·华莱士的一封信，概述了一个类似的进化理论。同年，这对夫妇向林奈学会提交了联合论文，而达尔文则对他的理论工作做了最后的冲刺并为自然选择的研究画上了句号。最终结果是《物种起源》一书于 1859 年首次出版。在大量的例子中，它解释了包括人类在内的所有生物都在遥远的过去有着共同的祖先。很少有其他书籍对人类的观点产生如此巨大的影响。

自然选择

查尔斯·达尔文的进化论提出了"自然选择"的原则。这个想法源自于 1798 年由托马斯·马尔萨斯（1766—1834）写的一篇关于人口原则的论文，并被达尔文和华莱士所读。马尔萨斯的研究结果警告说，人类人口的增长注定要超过粮食种植的能力，最终导致全球性的饥荒。

迄今为止，技术进步阻止了"马尔萨斯式"的灾难，但达尔文的博物主义思想提出了一个问题，即非人类的种群数量是如何被控制的。他推断，野生种群拥有有限的资源包括食物、空间等，所以只能支持有限的种群。只有部分生物会活着，其余的会死去，但生存的战斗不是随机的。自然选择了优胜者，那些最能控制它们所需要的资源的生物将会生存下来，而那些不能这样做的就会死去。达尔文的绝妙之举是认识到这种"自然选择"的力量会促进物种的变化。

竞争

套用哲学家托马斯·霍布斯（1588—1679）的话来说，生活是"肮脏、粗野且短暂"。这对野生动物的种群来说尤其如此，在这种情况下，长期生存并最终死于衰老的死亡确实是罕见的。虽然早期进化论认为这一过程是由一些神的旨意所决定的，但达尔文认为，推动进化的唯一因素是生存竞争。

所有的生命都在生存竞争，争夺能源、营养、氧气和水的供应以及使用它的空间。最激烈的竞争是同一物种的成员之间的竞争，它们有着相同的需求，并使用相同的手段来实现它们。此外，生存的动力只是达到目的的一种手段。生存的目的是为了繁殖，而个体通过竞争获得自己最大化的机会。自然选择的竞争不仅能杀死弱者，还能阻止它们繁殖，阻止它们把自己的基因传给下一代。

差异

自然选择的发生需要条件，如果一群动物都是完全相同的，那么没有谁比其他动物更有优势。然而，大自然不是这样的。每个个体都有一定程度的差异，这些差异可以使一个个体获得成功，而另一个个体则相反。

拉马克（见第 84 页）指出，长颈鹿的长脖子是为了伸长能够到叶子，并在每一代个体中都变得越来越高（尽管他说得不准确）。达尔文的解释与已知的事实相吻合。有些长颈鹿比其他的高，它们的身高给了它们一个优势，所以它们吃得和繁殖得比那些矮小的个体要多。矮小的长颈鹿更容易饿死，也没有后代。达尔文知道，高大的长颈鹿有高大的后代，所以自然选择会导致更多高的长颈鹿出生，而长颈鹿作为一种物种进化得越来越高。但它们从来都不一样高，个体之间总有一些差异。

由于基因突变，雅各布羊有四个角，而不是通常的两个角

突变

达尔文了解他的理论工作，后代必须从父母那里继承某种"遗传"物质。这种遗传物质是将父母的优点即自然选择的特质传给下一代的手段。由于 DNA 和中心法则的发现（见第 36 和第 46 页），我们现在更了解了基因物质是什么，以及它是如何工作的。也向我们展示了进化最终的来源，一个种群的变异是由于它的基因库中产生了不同的等位基因。基因突变是由于 DNA 复制过程中产生的错误而随机产生的。没有这样的错误，生命就不会进化。如果一个突变发生在内含子里，它就没有影响。如果它出现在外显子中，它将改变由基因编码的蛋白质的结构。这可能会造成一个处于生存劣势的物种，自然选择就会很快地将它从基因库中抹去。但有时也会产生一种新的优势性状，这就是进化。

适者生存

尽管没有被制定，但查尔斯·达尔文欣然接受了"适者生存"这个词，这是他对自然选择进化论的描述。在这种情况下，"适应"一词概括了个体的优势与劣势的平衡。如果有利的特质大于有害的特质，那么对个体就是"合适的"，将在未来为生存而战的竞争中取得成功。自然选择确保适者生存，并拥有最多的后代。这些后代从父母那里继承了有利的特征或基因，它们也很可能是适应的。

如果一个突变等位基因的出现比先前形式更有优势，那么它的携带者将比它的同类更适应。经过几个世代，自然选择将导致这种突变基因在种群中传播，而不那么适合的等位基因的个体会变得稀少甚至消失。这种变化很微小，也许是难以察觉的，但考虑到大量的时间和世代，这种微小的累积变化会完全改变物种。

这种黑色的蛾子已经变得比苍白色的品种更加普遍，因为这个物种已经适应了被工业污染所掩盖的树木

适应

进化在某种程度上是一种重新调整的过程。自然选择使不适应的基因被排除，并确保总体上的种群更适合生存。然而，这个定律还有另一面。个体的适应度只能通过自身所处的环境来衡量。一条鳟鱼很适合在河里生活，但它不能与一群骆驼采用穿越沙漠方式竞争（反之亦然）。

一个生物群体本身的环境不是恒定的。环境可以改变它的特征，有时这种改变很快，这就为生存带来了新的挑战。任何改变都会改变个体的适应性，曾经带来成功的基因已经不足以应对。自然选择一直持续，促进着不同的等位基因在新条件下提供优势。这样的结果是，这些生物可以适应它们的新栖息地。这就是进化的能力，为不同的环境创造适应。这促使了生物分化成为更多的物种。

物种形成

自然选择打造生物适应它们所处的环境。经过数百万年的时间与许多微小的变化的积累，一群被认为是一个物种的动物可以改变如此之多，以至于形成一个全新的群体。这种变化的过程叫作"物种形成"，它有两种主要的方式。

最简单的机制是一个物种的种群由于物理屏障的阻碍被分隔开。也许在一个特别的夏天，阿尔卑斯山口上的冰消融了，一群山羊进入了附近的山谷，但随后冰会阻断一些山羊返回的路线。这两组山羊现在生活在不同的环境，有不同的食物和捕食者。结果它们以不同的方式进化，形成了不同的物种。第二种物种形成的方式发生在群体内部。突变的山羊能够消化对其他群体有害的食物，因此突变的亚种群发展为利用不同的食物来源的生物。它们停止了与非突变种群的繁殖，最终将分裂成为两个物种。

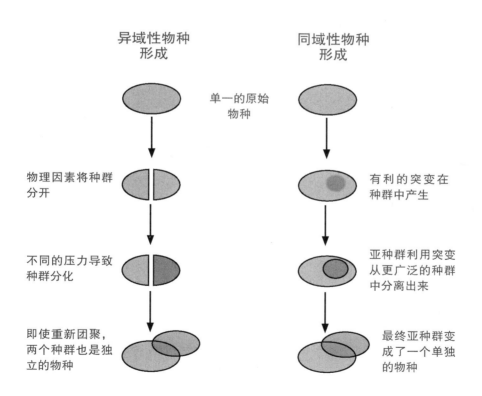

异域性物种
形成

同域性物种
形成

单一的原始
物种

物理因素将种群
分开

有利的突变在
种群中产生

不同的压力导致
种群分化

亚种群利用突变
从更广泛的种群
中分离出来

即使重新团聚，
两个种群也是独
立的物种

最终亚种群变
成了一个单独
的物种

灭绝

物种灭绝也许很容易理解，因为恐龙和其他的一些令人着迷的物种已经留在了过去。在 1688 年，毛里求斯的渡渡鸟被捕杀殆尽之前，人们几乎没有考虑过一个物种可能被灭绝。1813 年，法国解剖学家乔治·居维叶（1769—1832）揭示，灭绝不仅仅是人类所做的一种非自然行为。他发现，乳齿象的化石与现存的大象不一样。随着时间的推移，物种会灭绝，取而代之的是新的物种。

根据一个经常被引用的统计数据，99.9% 的已进化物种现在已经灭绝了。但这里需要澄清一点。像渡渡鸟和乳齿象都灭绝了，这意味着它们的物种都没有生存下来，也没有任何一个从它们进化而来的继承性物种。但是从广义的角度看，我们可以说恐龙只是假灭绝。今天现存的鸟类物种都是从恐龙进化而来，所以它们至少也有一些恐龙的基因。

趋同进化

自然选择的作用效果中最有力的指标之一就是趋同进化。这一点可以被观察到，具有不同祖先的动物在适应相同的环境时，会以类似的方式进化。一个很好的例子是大型海洋食肉动物的趋同进化。它们在开阔的海洋中捕猎其他动物。鲨鱼是最古老的海洋食肉动物。它们通常具有流线型的身体和鳍来稳定身体，并且有一条大尾巴来推进。在 9000 万年前海洋中捕猎的爬行动物鱼龙，它们的身体形状与鲨鱼的鳍和尾巴相同。今天，海豚在环境中也有类似的生活位置，被称为生态位，它们的身体也有类似的特点。这些鱼、爬行动物和哺乳动物都是独立进化的，但由于它们具有相同的选择压力，因此它们看起来非常相似。自然选择看不见的手倾向于将进化推向相同的方向，所以不相关的生物在特定的环境中发展出了相同的适应性。

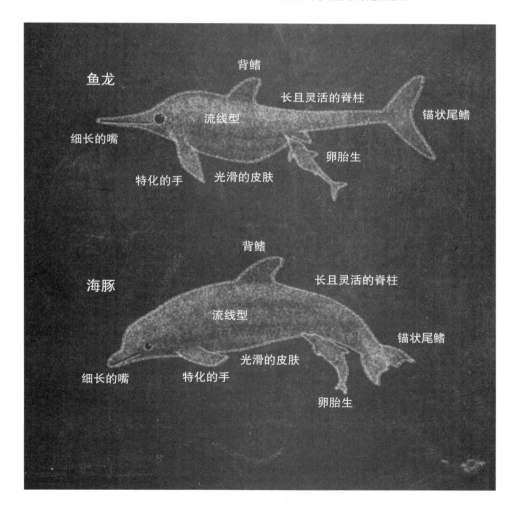

97

群体遗传学

群体遗传学领域研究了基因库中等位基因的频率如何变化。自然选择是基因频率变化的最大驱动力之一，但这并不是唯一能改变基因库的因素。突变是另一个因素。可保留下来的突变（不会迅速导致死亡的突变）出现的速度非常缓慢，但如果时间足够长，就可以观察到它在基因库中产生规律的变化。更快速的变化被称为"遗传漂变"和"基因流动"。

遗传漂变是由偶然因素引起的。一场意外的灾难可能会消灭相当一部分的个体，而某些等位基因也可能会随之消失。更大可能是等位基因没有被传递，不是因为某种选择而仅仅是因为在继承过程中随机方面导致的。与此同时，基因流动是新基因进入基因库的结果，这些基因来自于同一物种中被隔离的另一个种群。

雌性选择

自然选择是由成功的繁殖后代所驱动的，但雄性和雌性靠不同的方式实现。这需要归结为性细胞的区别。精子只含有一半组基因而且很容易大量的产生。雄性最好的选择是尽可能地传播它们，通过数量优势来繁衍后代。雌性的选择则非常不同。她的卵子还需要具有胚胎发育所需的能量，因此产生的数量要远远小于精子。受精后，雌性必须投入大量的资源给后代最好的生存机会，并且她无法依靠雄性的帮助。因此，雌性通过选择来解决相对于精子的卵子短缺现象。雌性必须选择，并且仔细选择如何使用她们宝贵的生殖资源。这在雄性之间产生了一种新的竞争，对他们的进化产生了深远的影响。

两只黑松鸡在争夺最佳展示位置。它们的
交配成功取决于被雌性选择

性选择

1871 年，查尔斯·达尔文发表了《人类的由来及性选择》一书，他这本书中进一步阐述了"性选择"的概念。这种由配偶选择驱动的选择（大部分是由女性主导的），并不一定会导致生存适应性提高。事实上，它导致的结果往往恰恰相反。

在动物王国里看到的许多令人印象深刻的装饰物，比如驼鹿的鹿角或孔雀的尾羽，都是这个过程的结果。达尔文认为，性选择可以超越自然选择，创造阻碍生存的特征。以鹿角为例，雌性选择配偶是因为它有较大的鹿角。任何雄性后代也会生长大鹿角，任何雌性后代都会选择大鹿角。这就产生了积极的反馈，使鹿角变得越来越大。最终，远远超出了它们作为武器的实际应用。结果是，两性的进化方式不同产生了显著的差异，被称为"性别二分法"。

红皇后效应

动物择偶过程中常常涉及一些特征如鹿角、艳丽的尾巴或者其他的装饰。这类特征在性选择的驱使下变得很极端，但这个过程是"真实的"。生长出大型、对称的鹿角需要的成本很高，雄鹿的全部基因能够满足日常生存的要求，而且对于更大的，通常没有帮助的鹿角来说则需要多余的能量。而一个长着虚弱鹿角的竞争对手的基因不太适合生存。

还有另外一个因素是保持鹿角可以释放出真实的信号。鹿（或任何其他物种）的种群不断受到寄生虫和病原体的攻击，这些寄生虫和病原体在逐步发展以抵抗动物的防御。鹿也通过进化来对抗这些攻击，而那些成功的鹿用强壮的鹿角来展示它们的成功。尽管这个物种似乎没有改变，但进化却一直以"红皇后效应"的形式出现。这个词来源爱丽丝梦游仙境的角色命名，意思是无论跑得多快，但相对的位置总是不变的。

人类的进化

达尔文的进化论遇到了许多反对者，他的论文中最具争议的一点是，人类的产生与所有其他生命形式的改变机制是相同的。在 1860 年达尔文狂热的支持者托马斯·赫胥黎和牛津主教塞缪尔·威尔伯福斯的辩论中，这一观点上的冲突被集中体现了出来。当时威尔伯福斯问他的对手，"是你祖父的还是你祖母的那一边是你所声称的猴子的后裔？"

达尔文曾提出，人类和其他灵长类动物（尤其是类人猿）之间的解剖学特征相似性。这表明这些物种是我们最近的亲戚。DNA 证据已经证明人类与黑猩猩和倭黑猩猩共有 98.8% 的基因相同，而化石证据表明人类和黑猩猩有着共同的祖先，生活在大约 800 万年前。黑猩猩仍然是森林生物，而人类则向不同的方向进化，因为它们适应了在开阔的草原上生活。

露西

最早的人类（类人猿）化石是乍得沙赫人，一个像猿的黑猩猩生活在现在乍得的森林里。尽管它可以后腿站立，但没有证据表明这种动物是现代人类的直系祖先。最早被证实的祖先是被称为"露西"的阿法南方古猿，一种320万年前生活在东非的两足猿标本。露西两条腿走路时只有一米高。然而，她的手臂和手指的比例要比我们的长得多，这表明露西和她的同胞（"南方古猿"）是能够登山的，很可能生活在开阔的草原森林里。

从露西到你和我的血统过程还不清楚，但涉及能人（250万年前的一种能够做简单的石头切割工具的杂食者）和直立人（190万年前的被认为是第一个控制火并迁徙到非洲以外的物种）。许多其他种类的人在亚洲和欧洲蔓延，直到大约15万年前智人出现在非洲。

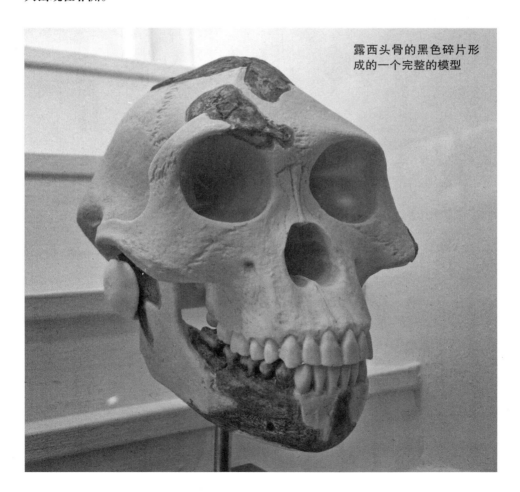

露西头骨的黑色碎片形成的一个完整的模型

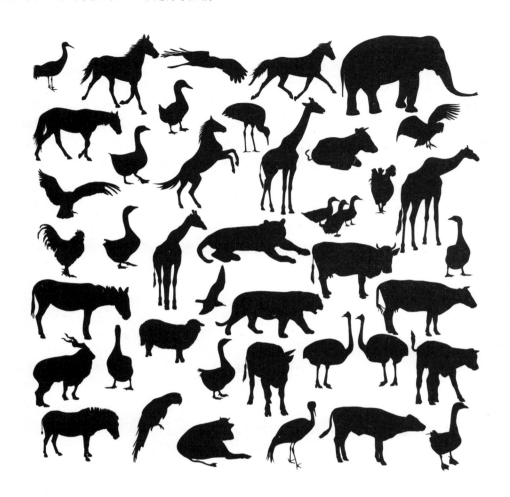

分类

现代科学中的生物学和遗传学来自于对地球上生命多样性越来越多的了解。第一批生物学家是那些试图将生命组织成有意义的群体的人。这是分类的过程，或者是给它更科学的名称"分类学"。

在现代研究背景下，分类学家的工作通常被认为是生物科学中不那么令人兴奋的一块，这是一个与解剖学细节以及拉丁名字有关的复杂领域。到目前为止，分类学家已经大约分类出了 100 万种物种。最乐观的估计，这仅仅是我们星球上现存物种的10%。如今这个领域已经超越了以往所认知的那些对着标本进行制图，并给它们命以模糊的名称的日子。今天，分类学研究的生物像追踪整个自然历史中的祖先一样多，因为它把生命分成了更多的群体。

卡尔·林奈

分类学的奠基人是卡尔·冯·林奈（Carl Von Linné，1707—1778），瑞典人更容易记住他的拉丁名林奈（Linnaeus）。然而，林奈并不是第一个试图按照一套规则来归类生物的人。亚里士多德是一位著名的前辈，尽管他犯了很多错误，例如，假设了鲸鱼是一种鱼（在希腊语中，"海豚"这个词的意思是"子宫里的鱼"）。亚里士多德的错误之处在于根据它们的栖息地与生活方式来对生物进行分类。

林奈在他的《自然系统》中修正了鲸鱼的错误（最终），这是他在 18 世纪中期提炼出来的一种分类方法。林奈的分类系统是基于解剖学特征的，根据共同特征的数量形成一系列不同级别组群，并最终对生物进行分类。林奈的最终生物名单包含了大约 10000 种，其中 60% 是植物（他是一名敏锐的园丁）。虽然现在分类学已经被大大扩展和修订，但在现代分类中，自然系统中的许多方面仍然被保留。

林奈命名法

林奈给自己起了一个拉丁文版本的名字，因为拉丁语是当时欧洲科学家的通用语。为了让知识传播得更好，每一部伟大的作品都是用拉丁文书写以便克服语言障碍。因此，林奈选择了拉丁语和希腊语作为给他的《自然系统》中生物分类命名的语言也就不足为奇了。这个传统一直持续到今天，因为它消除了所有的歧义。至关重要的是，林奈选择了双命名系统，给每一个生物起了两个名字。因此，在英语中被称为狮子的动物被命名为 *Panthera leo*。只有第一个名字的首字母是大写的，并且两个名字都是斜体的。*Panthera* 是通用名称，而 leo 是特定的名称。通用名称指的是狮子所在的属，与类似的一类动物共用，如 *Panthera tigris*（美洲豹虎，一种虎）、*P.pardus*（美洲豹）和其他"大猫"类动物。特定名称是用来通过描述区别其他大型猫科动物的。

译者注： 这里通用名称指的是属名，特定名称指的是种加名。

物种

物种是系统分类的最终结果，它表示一组具有大量相同特征的生物。人们可能会认为，种内的成员之间与属内成员之间相比有更多的相同特征，在绝大多数情况下是真实的，但也并不总是如此。定义一个物种的关键因素是物种内的成员之间都能彼此繁殖出可以生育的后代。这在考虑"同形种"时变得很重要。同形种是两种动物像是鸟类或蝙蝠，它们从解剖学上无法区分，但它们并不能交配。因此它们是两个截然不同的物种，尽管它们看起来或多或少是一样的。分类学还可以将生物分类为低于物种的水平。许多物种是由亚种组成的，例如来自不同地区的种群，它们相互间可能有巨大的解剖学差异，但却能够彼此繁殖。

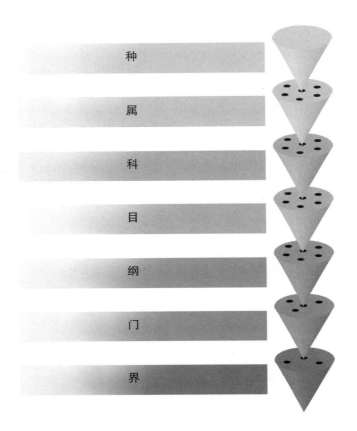

种

属

科

目

纲

门

界

类群

种和属都是类群（taxa）的例子，这个词源于希腊语的"安排"。系统分类将每一个生物都归纳在物种里，其中的成员共享一个小基因库。然后，这些物种被放置在一系列越来越大的类群中，它们共享更大的基因库。每个物种都属于一个属，每个属都至少有一个物种。该系统继续将属组成科。例如，大猫类的豹属于猫科。注意，在属级别之上，类群将不再需要被斜体化。下一个分类单元是目。猫科与犬科、熊科和其他掠食性动物均属于食肉目。食肉目是哺乳类动物哺乳纲下的一个目。接下来，哺乳纲是脊索动物门的一员，它包括其他的脊椎动物，如爬行纲、鸟纲和鱼纲。在植物学分类中，门（phylum）一词通常被替换为"division"。

支序系统学

乍一看，今天使用的分类系统似乎遵循了林奈在 17 世纪 50 年代开创的方法。它保留了双命名和层级分类。然而，在 20 世纪，一种新的生物分类方式开始占据主导地位。这就是支序系统学，物种的分类不是简单地通过相互比较它们的外观，而是依据它们在进化上是如何相关的。每一群拥有共同祖先的生物体被称为"支系"。支序系统学要求在分类系统中包括已经灭绝的物种和现存的物种。当 DNA 不可用的时候，分类学家使用解剖学的统计分析来发现有机体之间最可能的关系，尽管这种方式的分类经常受到挑战和改变。一个很好的例子就是对爬行动物的分析：自然历史告诉我们哺乳动物和鸟类都是从同一祖先爬行动物进化而来的，因此它们都属于同一类动物——羊膜动物。

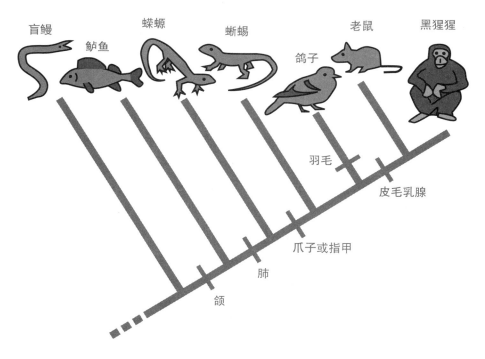

一个简单的脊椎动物系统发生树

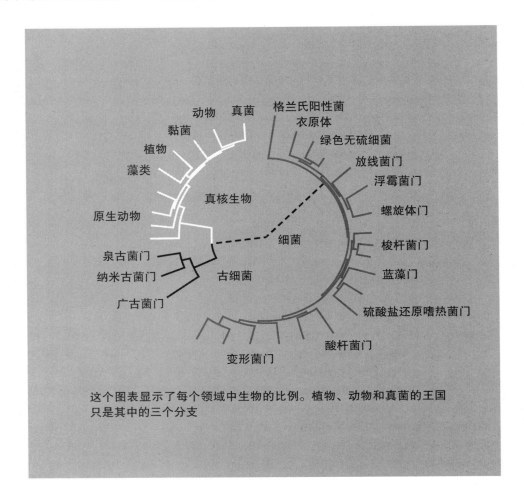

这个图表显示了每个领域中生物的比例。植物、动物和真菌的王国只是其中的三个分支

界与域

分 类的目的之一就是创造一个地球上大的生命的图谱。林奈使用了一种叫作"界"的单元作为最后的、最大的分类单元。根据他的说法，所有的生命都属于动物界或植物界。微观单细胞生物的发现引出了一个问题：它们是小的动物还是小的植物，还是别的什么？真菌后来也从植物中分离出来，界的数量也随之增加。最简单的系统分为五种：动物、植物、真菌、原生生物（阿米巴等）和细菌。1977 年，DNA 分析显示，许多看起来像细菌的细胞实际上是一组完全不同的生物体，现在被称为古生菌。进一步的分析表明，越来越多的界可以被分成三个更大的群体，被称为"域"。细菌和古细菌都占据着一个域，而其他所有的生命都属于真核生物，它们都是使用细胞器的复杂细胞（见第 27 页）。

生命树

达尔文在《物种起源》一书中唯一的插图是一个分支图，它展示了自然选择如何导致了进化，即新的物种从一个共同的祖先放射出来。达尔文把它想象成一个在陡峭的河岸上生长的蔓生灌木，但这个概念后来被称为"生命树"。这种方法现在仍被认为是一种最好的方式来可视化自然选择所创造的巨大的生物多样性。树干代表着原始的有机体，所有的生命都是从那里进化而来的。主干分支成三个域，每个域分裂为界、门等。所有的植物和动物只占据了树的1/3，而哺乳类动物仅仅被描绘成一个小树枝。现存的物种组成了每个分支的尖端，它们之间的距离显示了它们之间的紧密联系。与此同时，树枝和树枝代表着它们在进化过程中所形成的中间的、现已灭绝的形态，并与共同的祖先分离开来。

这张简单的树形图展示了达尔文在阐述进化论时的思想

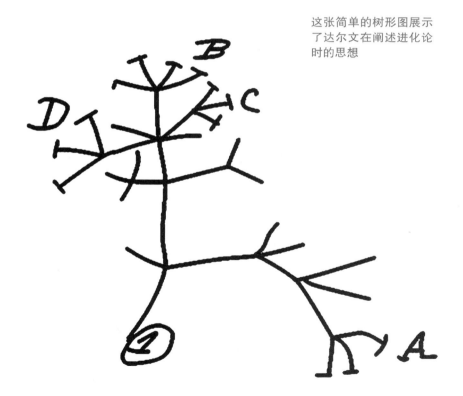

基因的分化

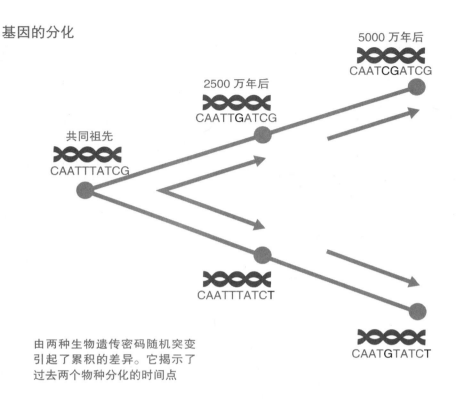

5000 万年后
CAATCGATCG

2500 万年后
CAATTGATCG

共同祖先
CAATTTATCG

CAATTTATCT

CAATGTATCT

由两种生物遗传密码随机突变
引起了累积的差异。它揭示了
过去两个物种分化的时间点

分子钟

已经灭绝生物的化石记录远未完成，搜寻工作仍在继续，寻找可能是共同祖先的标本。然而，基因组分析提供了另一种方法，用于发现现代有机体与祖先的共同之处——即所谓的"分子钟"。每一个物种都有独特的基因组，即一长串基本的 ATCG 字母（见第 43 页）。分子钟系统比较了一个物种和另一个物种之间这些字母的差异。这种方法是可行的，因为在每一代 DNA 重组的过程中，细胞核 DNA 发生了彻底的改变，而细胞线粒体中的 DNA 是直接从生物体母亲那里遗传的。线粒体 DNA 的变化只有突变，这呈现为一个差不多恒定的概率，如钟表的滴答声。因此，与远缘相关的物种相比，近亲物种之间的差异更小，线粒体基因组的差异可以用来估计过去物种与它们共同祖先的差异。

生态学

没有生物是孤立存在的。它的基因及其产生的表现型都与环境相互作用。生态学希腊语的含义是"关于家的研究"。生态学所研究的是关于这些相互作用及影响的科学领域。生态学家不仅仅是生物学家，他们还必须考虑到地质学、海洋学和气候科学的各个方面。

而这似乎还不够，现实生活中的生态学研究也是极其复杂的。因此，生态学家建立了野生动物群落的模型。这个模型的建立可以是为了某个特定的栖息地，也可以是在全球范围内。正如盖亚假说所支持的那样（这个假说以地球作为一个可以以自我调节方式运作的生态系统）。建立生态模型的目标是为了了解影响野生动物群落兴起和衰落的因素，最重要的是预测它们将如何受到人类活动的影响，例如栖息地的破坏和污染。

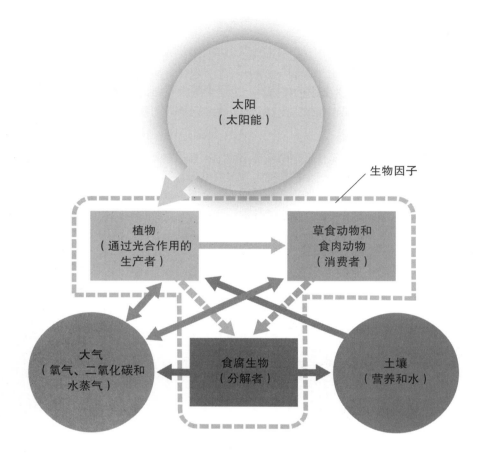

生态系统

生态系统这个术语也许大家很熟悉，但可能又有点不太明确。科学地说，生态系统是描述生活在特定栖息地野生动物群落的一种方式。不过在现实世界中，这样的生态系统并没有真正意义上的存在，因为一个群落和临近的下一个群落之间没有明确的界限。但生态系统的概念是理解生态因子在某一栖息地发挥作用的一个好方法。

每个生态系统都有它的生态因子。它可以是生物性的（有生命的）或者非生物性的（非生命的）。生物因子是不同物种在栖息地间的相互作用，包括争夺食物和资源、捕食以及寄生。非生物因子涉及土壤化学、供水和天气变化等因素。生态学家据此模拟了生态系统如何应对其中一个因子的变化或者是新增一个因子。

生态位

每个物种在生态系统中都占有生态位。一个生态位代表了生命形式利用环境中可用资源的机会。因此，一个物种生存于合适的生态位，需要与生态位相适应的独特形态和行为特征才能通过自然选择。物种的形成是由空缺的生态位所驱动的。它们要么是由于非生物因素的变化（如气候变化），要么是由于一个种群发现到一个新的没有被相似的生物充分利用的栖息地。

填充生态位最著名的例子是达尔文雀。这些鸟（实际上是唐纳雀，而不是雀类）生活在加拉帕戈斯群岛，达尔文在小猎犬号上的访问中被发现。这些鸟的共同祖先都是来自于南美，但后来的进化使它们在这些岛屿的生态系统中占据了不同的位置。这表明鸟类喙的形状适应了它们特定的食物，从昆虫到种子和落果。

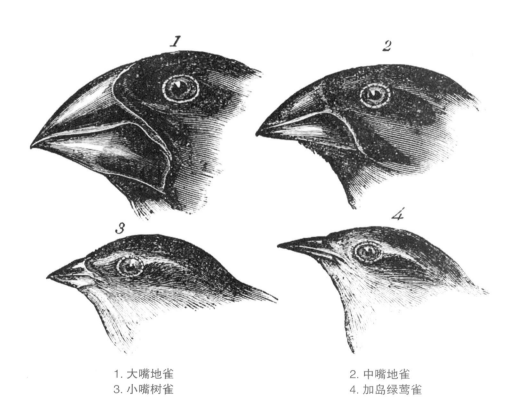

1. 大嘴地雀
3. 小嘴树雀

2. 中嘴地雀
4. 加岛绿莺雀

栖息地

简而言之，栖息地就是生物生活的地方。任何一个人可以列出几十种不同类型的栖息地，并通过对每一种栖息地更具体的描述来增加这个列表的数量。然而，一般来说，栖息地是生态学家可以构建的有意义的生态系统区域。它可以是珊瑚礁、草原或热带森林。无论它们在地球上的什么地方出现，所有这些栖息地中都有共同的特征，或是说是组成它们的野生动物个体之间的共性。

栖息地不是恒久不变的。例如，当一棵树在森林中倒下时，就会产生一个空缺点。生物竞相占领这一空位，生长速度快的植物首先占领，然后逐渐被一系列更大的植物取代，这些植物能够缓慢却又强有力控制现有的资源。最终，空隙被完全填满，栖息地又回到稳定的状态。

生物群落

生态学中最大的单位是"生物群落"。每一个生物群落都是一个广泛分布在世界各地的栖息地。在地球上可能存在的生物群落数量因科学观点而异。但这个列表是一个很好的起点：水生、森林、草原和沙漠。在世界各地的不同气候条件下，这个列表可以扩展。沙漠的液态水含量都非常低，但可以分为热沙漠、半沙漠和极地区域。森林出现在高降水地区，分为热带、温带（落叶乔木林）和北方（针叶林）。草原是气候干燥的地方，树木不能生长，但相对于沙漠它们又不太干燥。草原可以被分成三种生物群落：稀树草原、干草原、大草原、苔原。最后，水生生境可分为咸水生物群落、淡水湖和河流。还有其他的方法去分类和定义生物群落，但每一种分类和定义的结果都意味着将地球表面划分为大块的区域，而这些区域生态因子的范围是相同的。

世界主要生物群落的地图

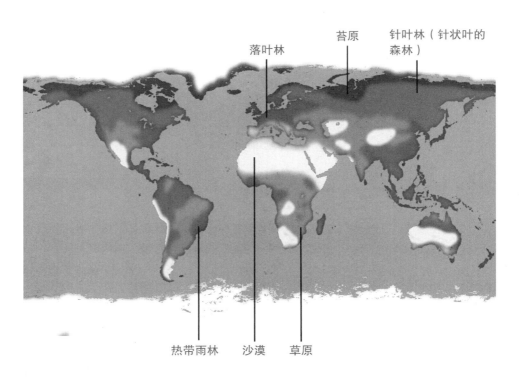

落叶林　　　苔原　　　针叶林（针状叶的森林）

热带雨林　　沙漠　　草原

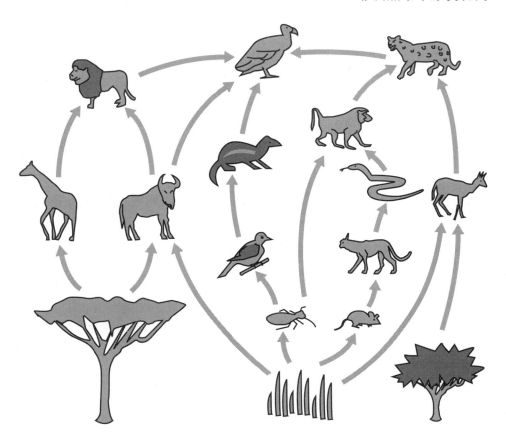

食物链和食物网

生态系统中最主要的影响因子之一就是生物体吃什么。这种关系可以被称作食物链，或者更确切地说，是一个食物网。在食物网中，许多生物可能是其他物种的食物。食物链中包含着生态系统中所有的生物体。一个几乎普遍的特征是食物链的起始点是一个光合生物体，例如植物。这些生物被称为初级生产者，因为它们从非生物能源（阳光）中收集能量，并使之成为一种生物能源。食物链中的所有其他生物都被称为消费者。食草动物是只吃植物的生物，被称为初级消费者。反过来，它们又被二级消费者吃掉。许多二级消费者可能是杂食动物，也就是说它们既吃植物又吃动物。第三层的消费者几乎肯定是食肉动物且仅限于肉食。顺着食物链继续是分解者，例如蜣螂或真菌，它们消耗掉了其他生物的排泄物和残骸。

营养级

食物链揭示了营养和能量在生态系统中运行的路线。这些营养物质的运行形成一个循环。植物从环境中收集营养物质，经过消费者，最终通过食腐物返还到环境中。能量运作方式则有所不同，它通过初级生产者进入系统，然后它会沿着食物链移动并逐渐消失。这就是营养级概念出现的地方。

"营养"一词源于希腊语中的"喂食器"，在食物链中的每前进一步都提升了一次营养级。当所有的营养级都用能量的数量来呈现时，说得更简单一些，是由它们的生物量，或者说是组成生物物质的重量，食物链形成了一个金字塔。形成这种金字塔的原因是因为只有大约 10% 的能量从一个能级传递到下一个能级。因此，组成植物的物质质量远远大于组成动物物质的质量（至少在陆地生态系统中是这样的）。这也解释了为什么只有很少的大型食肉动物能够在生态系统中生存，因为几乎无法提供任何能量为其提供它们所需的生态位。

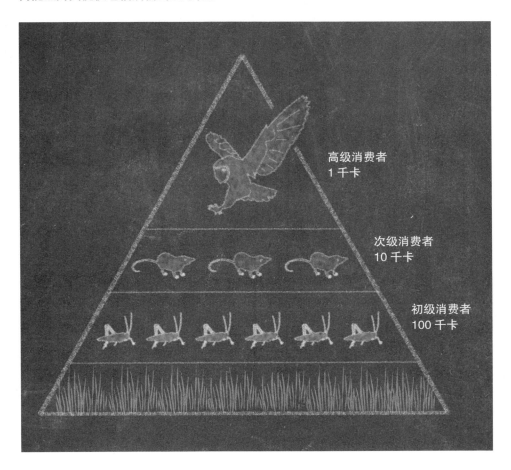

高级消费者
1 千卡

次级消费者
10 千卡

初级消费者
100 千卡

自养生物

一方面生物生存的方式有很多种，另一方面也有数百万种不同的物种以一种独特的生存方式进行。但它们都被分成两组：自养型和异养型。初级生产者属于第一种即"自养生物"。这个词的意思是"自我喂食"，指的是它们是能够利用非生命的能源来为身体提供能量的生物。

最明显的例子是光合作用植物、海藻和大量的微生物，其中包括许多细菌。这些生物是光养生物，或称之为"光的取食者"。但还有一些微生物，它们的自养是凭借化学物质摄取营养的，即使用化学物质作为能量供应（见第 122 页）。有一件自养生物能做，而异养生物不能完成的事情就是"固定碳元素"，把无机形式的元素主要是二氧化碳转化成为有机的糖类。它们通过一种被称为还原反应的化学过程来实现这一过程。氧化反应是呼吸过程中释放代谢能量的反应，而还原反应则与之相反。

异养生物

❝异养生物"这个词的意思是"从其他生物获取营养"。这指的是异养生物采用一种无法自行固定碳的获取营养的方式。作为取代,它们必须通过食用其他生物的身体来得到所有所需的糖和其他原料。所有的动物和真菌都是异养生物,许多微生物也以这种方式生活,包括变形虫和原生动物(裸藻,一种单细胞鞭毛虫,能同时进行光合作用和异养消费)。

异养生物完全依靠自养生物来生存,即使狮子从来没吃过任何绿色蔬菜,它也只能通过吃瞪羚来生存。消费者并不仅仅是这些捕食者和吃植物的动物。最简单的动物,扁盘动物,只能像垫子一样移动的细胞,靠吸收任何接触到身体的有机微粒为食。同时还有真菌(包括地球上最大的生物体,有时能在 10 平方公里的土壤中传播)将消化酶直接分泌到食物上,然后将分解后的物质吸收。

化能自养生物

直到 20 世纪 70 年代末，人们认为所有食物链的起始都是从阳光中获取能量的光能自养者。然而，深海潜水器发现了被称为"黑烟"的岩浆喷口。这些火山在海洋中阳光照射不到的海底，喷发释放出富含化学物质的水。然而尽管黑暗，黑烟中却隐藏着巨大的蠕虫、贝类和螃蟹构成的生态系统。这些深海食物链的起始生产者是化能自养生物的原核生物（细菌和古生）。

化能自养生物从排放水中的矿物质中获取化学能（或从其他的源头，如火山甚至在岩石内部）来固定碳。一些生物学家认为，这些生物是地球上第一种的生命形式。更大的动物已经进化到与这些化能自养生物和谐共存。一些从水中过滤出的细菌以巨大的管状蠕虫为宿主。它们的身体组织为细菌提供了安全的庇护所并提供矿物质。作为回报细菌为宿主提供糖和其他的含碳物质。

嗜极生物

正如它们的名字所暗示的那样，嗜极生物喜欢极端的环境。绝大多数的生命生存在一个温度范围内 0 ~ 40℃（32 ~ 104°F），但我们在深海熔岩口发现了细菌和古细菌，它们可以在 100℃（212°F）以上的过热水中生存。它们还在地表的温泉中茁壮成长，经常在水中创造出一种令人惊叹的彩虹。

有的嗜极生物生存在干燥、超咸或酸性的地区。它们几乎都是原核生物。甚至还有被称为岩内生物，它们生活在岩石内部晶粒之间的微小空隙中。所有的上述生物生活环境对我们来说都是极端的，但在许多方面，这些极端的栖息地比我们生活的环境更稳定。我们的环境更容易发生各种各样的快速和不可预测的变化。当我们回顾几十亿年前地球上的条件时，今天的极端环境看起来相当正常。

位于美国怀俄明州黄石国家公园的大棱镜温泉，是极端细菌的天堂

拟态

动物可以成为伪装的大师，利用伪装融入周围的环境。使自己身体的形状或图案看起来像树叶或树枝。这样它们与树干或岩石就难以区分。不过还有一些动物通过模仿它们所在生态系统中的另一种动物的外观来隐藏，它们有时甚至模仿其他动物的气味、叫声或行为。

有两种基本的拟态。最常见的一种叫作贝氏拟态，它是无毒安全的物种模仿有危险的物种。因此，一只盘旋的苍蝇具有了刺黄蜂或蜜蜂的条纹，许多蝴蝶的后翼上有深色的圈状眼斑。当翅膀打开时，它就像一个更大的野兽的脸。第二种类型，米勒拟态，是更细致入微的。它们会模拟对攻击者有害的物种，如有毒的蝴蝶。捕食者会学会躲避有毒的猎物，这两种模仿都能更有效地从捕食者的这一经验中受益，所以通过进化来看它们是一样的。

协同进化

很难想象在这个不受限制的栖息地破坏和改造的时代，一些生态系统在数百万年的时间里一直没有改变。在所有的这段时间里，物种通过一种叫作协同进化的现象相互协调进化，其中一个物种的变化触发了第二个物种的变化去回应第一个物种。这就产生了一种相互交织的复杂的适应性，使生态系统能够支持大容量的生命。然而，这种力量也是一个弱点，因为来自系统外部的突然变化（通常是人类活动）能够很容易地破坏生命形式之间的微妙平衡。

协同进化的经典例子是捕食者和猎物之间的军备竞赛，以及开花植物和昆虫或鸟类在共生关系中的适应。通过进化一种相互依存的关系，这些植物增加了它们的花粉被送到其他植物的机会，而动物们获得了自己可靠的食物供应。

动物关系

许多动物都是孤独的——它们只是想独处。原始的无性生物，比如出芽生殖的水螅，不需要别人就能成功的生活。然而，大多数动物与它们物种中的另一个成员之间保持了某种关系，使双方都有好处。这种关系可能像与伴侣配对一样简单，也可能是更复杂的社会关系中的一部分，同一物种的成员在更小或更大程度上合作。

例如，一块珊瑚实际上是数千个被称为珊瑚虫的个体动物的聚居地。这些珊瑚虫是并排生长的，但作为个体进食和繁殖的。然而，在微观层面上，聚集地的成员也共同合作，抵御邻近的珊瑚侵袭。要了解动物社会和其他动物关系，我们必须权衡它们的各种利弊。例如，生活在一个团体中增加了对食物和伴侣的竞争，但同时也促进了安全和防御。

共生

共生关系是两种不同物种的成员为了共同利益而进化出紧密地生活在一起的一种关系。开花植物和蜜蜂属于共生关系。它们如果没有对方就无法生存，这种伙伴关系是由一种极端的共同进化形成的。还有一些共生关系是一个更紧密的联盟。在珊瑚虫和珊瑚组成的巨大系统中含有一种叫作虫黄藻的光合细菌。这就是所谓的内共生体，这些虫黄藻为它们的主人提供了糖以换取一个安全稳定的居住地。

有两种共生模式。上面的例子都是互惠互利的，这两个物种都从这份关系中得到了发展。

但也有一些共生关系只有其中一方获益，另一方既不得到好处也没有损失。这种情况被称为共栖。这种情况并不常见，例如牛白鹭，它们跟随成群的牛或其他大型食草动物，以捕食那些被动物骚扰的昆虫。

寄生

协同进化也可以在两个不相关的物种之间建立关系，使一方受益，另一方受损。这就是寄生。在这种关系中受益者的是寄生虫，而损失的是宿主。寄生虫可以生活在宿主的体内或体外。跳蚤是一种体外寄生物，生活在宿主毛茸茸的皮肤上，而绦虫则是生活在宿主的肠道内。还有一些其他的寄生虫进入身体，在血液和器官中建立自己的家。

寄生虫的生命周期通常很复杂，会通过几个宿主或过渡的载体。例如，蚊子是寄生虫疟疾的载体，而钉螺则携带血吸虫的幼虫，导致了热带的血吸虫病。那些对宿主的伤害很小的寄生虫是最成功的。因为杀死宿主意味着它们必须去寻找一个新的宿主。然而，一些被称为寄生蜂的生物最终会杀死它们的宿主。这种动物（通常是个体微小的黄蜂）在寄主体内或体表产卵，这些幼虫会慢慢地吃掉宿主。

捕食者与猎物

捕食者是一种杀死并吃掉其他生物的生物。只有个别植物和真菌作为捕食者的例子（捕蝇草以诱捕和消化昆虫而著名，而一些真菌则在土壤中诱捕微型的蠕虫），然而，绝大多数的食肉动物都是捕食者，它们攻击的生物是它们的猎物。

这些术语的共同用法表明，捕食者是凶猛的食肉动物，通常是巨大而强壮的野兽，它们能够制服较弱的猎物。然而一只猎蝽在捕食一只蟋蟀，或者一只瓢虫的幼虫抓捕蚜虫的过程和所涉及的暴力，这一切都与大型食肉动物一样是捕食者与猎物之间的关系。任何捕食者和猎物种群数量之间也存在着动态关系。当猎物数量庞大时，捕食者的数量会因为食物的过量而增长。但由于周围有过多的捕食者，猎物数量开始下降，捕食者则被饿死。而随着捕食者的减少，猎物的数量再次上升，循环再次开始。

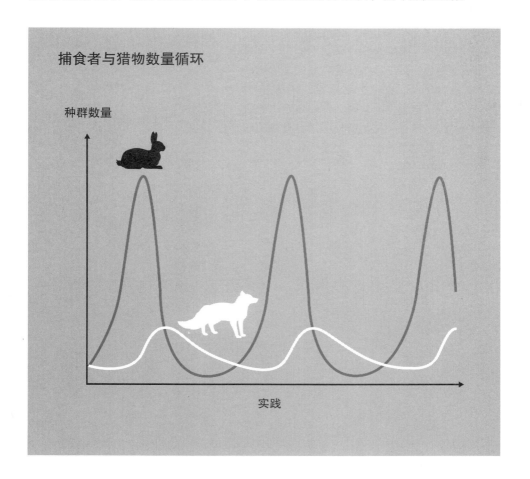

捕食者与猎物数量循环

种群数量

实践

129

群队动物

群队动物有许多名字：兽群、鱼群、甚至是鹅群。所有这些动物群队都是一个松散的、无领导的群体。这些成员基本上是独自生活，以便最大限度地保障自己的生存，但这一目标最好的实现方式是与它们的同类保持亲密。这种亲密使得它们看起来像一个在一起合作的群体，但这只是它们的行为一样的结果。

以群队生活的最明显的原因是数量上的安全。捕食者会攻击在群队边缘的个体，因此那些发现自己处于边缘的动物总是向中心移动，使得兽群聚集在一起。每一名群队的成员保持警惕，并及时发出警报转移到安全地带。这样的结果是整个群队很快就警觉到威胁，然后成群结队地离开了。羊群效应适合那些生活在食物广泛分布在栖息地的动物，比如草原上的食草动物。那些需要寻找小型集中供应食物的动物，如以水果为食的动物。如果大量迁移，它们将处于不利地位。

一雄多雌

雄多雌制是一种交配制度，即一个雄性和几个雌性交配。一个雄性与多个雌性的关系可能是因为雌性无法接受进一步的求爱。但更常见的原因是，它的雄性伴侣对它的其他伴侣保持警惕。这就造就了一个妻妾成群的结果，一个雄性控制着一群雌性的繁殖，并阻止其他雄性的繁殖。

许多群居动物，如鹿、河马以及牛，都使用一夫多妻制的交配制度，就像许多鱼一样。一个共同的因素是这些动物生活在食物分散供应的栖息地。这使得一个动物无法控制一个有意义的觅食区。因为它的对手们会在其他地方找到足够的食物，所以在一个雌性面前为控制食物资源而保卫土地是没有意义的。所以为了最大程度的成功生存，雄性会控制繁殖资源。这种策略导致了不同的性别差异，因为雄性会成为能够保卫后宫的战斗机器。

一雌多雄

一雌多雄是一雄多雌的对立面。一个雌性有几个完全属于它的雄性伴侣。在繁殖季节，这些雄性不与其他雌性交配。在自然界中，一雌多雄比一雄多雌制更为罕见，但它确实存在。一雌多雄的一种极端的形式出现在琵琶鱼身上。用发光的灯笼引诱猎物进行海底捕食的都是雌性，因此雄性的发育一直处于青年形态。相反，它们会咬入一个更大的雌性的身体，最终与它的血液供应相联系。每一个成年雌性都会有几个这样的伴侣在它的皮肤上，在它产卵的时候排出精子。其他类似的例子有：蜘蛛、爬行动物和一些鸟类，包括鸸鹋，都遵循这一策略。一些雌性会储存精子，以产生一群有多个父亲的子代。这意味着雄性伴侣都愿意分享父权，并帮助雌性照顾所有的子代，因为它们不知道哪些子代可能是它们的后代。在一雄多雌制中，雄性把所有的时间和精力都用于交配。在一雌多雄制中，雌性必须承担类似的负担，但还会负责产生后代。

乱交

如果我们将这个词在人类行为上的道德内涵剔除，我们发现许多动物社会都使用这种"乱交"的方式，其中包括我们的许多近亲物种。简单地说，乱交的交配制度是雄性和雌性都与多个伴侣交配，而不是结成配偶的关系。

这种性策略在所谓的"聚变-裂变"社会中最为常见，像许多猴子、猿类以及海豚。这些社会的成员通常会合作觅食、抵御危险、保护幼崽，而不考虑它们的父母是谁。群体之间会频繁地混合，即两个或两个以上群体会聚集一段时间，然后再分成新的小组，新形成的组员不同于原始的成员。这样的群体可能有一个领导者，或者是一个年长者领导群体。但在群体之间却没有障碍。

混合型性策略

动物的繁殖方式并不总是一成不变的。有些物种为了适应生态环境，会改变交配制度或性策略。狮子就是一个很好的例子，因为它是唯一具有社会性的猫科动物。最被熟知的交配制度是一个雄性控制一个后宫。这种制度被实施在非洲的草原上，那里的狮子必须配合，以捕捉快速的食草动物。但在更容易吃到食物的地方，狮子变成了单配偶制，雌性与雄性共同抚养它们的幼崽。例如，在欧洲生活的狮子，它们采用了这种策略。

单配偶制是许多其他动物实际采用的交配策略。形成持久的配对关系减少了雄性在争夺配偶的能量上需求，这使得它们可以花更多的精力来确保后代的生存。然而，单配偶制的动物在条件允许下会在其他地方交配，雌性的猎奇者通过向她的后代增加新的基因来获得收益，而雄性则通过另一只雄性的养育后代而获得成功。

性行为

人类的性行为除生物学领域之外还有一部分社会性成分，在性别（男性或女性）、性别认同（男性化或女性化）、禁忌和性别角色上都有差异，这些都因文化而异。同性恋是由遗传基因引起的吗？有证据表明，一对同卵双生的双胞胎相对于单胞胎更更容易成为同性恋，但这被认为是一种表观遗传（见第 174 页），而非遗传效应。一项观点指出怀孕期间子宫中的激素水平导致了这个现象。

在人类文化中，性和性别认同之间有很强的联系。人类之外的自然世界有这样的区别吗？在生物环境中，性可以被简单地当作一套行为来对待。同性恋行为有时在许多不同的动物身上都能看到，但在求爱期却很少以此为主导模式：在倭黑猩猩这样的物种中，同性恋提供了一种复杂社会关系的调停手段。

性别比例

对大多数物种来说，雄性与雌性的比例大约是 1：1。一个雌性可能生出的全是雌性和雄性，但她们每一次生出雌性或雄性后代的概率都是各 50%。这种平等的原因可以归结为罗纳德·费希尔于 1930 年提出费希尔原理。如果雌性的数量超过雄性，那么繁殖雄性后代就会有明显的优势，因为会有更多的配偶，以便于它们能繁衍出更多的后代。这些后代也有繁殖雄性后代的倾向。如此将性别比例趋近于 1：1。如果这个现象过度，那么雌性的类似机制将会使它恢复到稳定的平衡状态。然而，也存在性别比例失衡的情况。例如，榕小蜂在无花果里度过它们的幼虫期。出现的成虫大多是雌性，但也有少数雄性会在它们飞到下一个被产卵的无花果之前与雌虫交配。因此消除了性别平衡的需要，并最大限度地提高生育能力。

r/K 选择

66r/K 选择"这一比较晦涩的短语是指产生后代的两种主要策略。选择 r 策略是将动物的资源集中在增加繁殖率上（r 代表比率），而选择 K 策略则致力于尽全力维持种群中的动物总量（K 代表 Kapazitätsgrenze 或称为容量限制）。将选择 r 策略发挥极致的物种是海洋太阳鱼，这是地球上最大的硬骨鱼：雌性每年产生 3 亿个卵子，是迄今为止繁殖数量最大的脊椎动物。这些卵中只有很少的一部分会成年，但这些鱼在做数字游戏。如果它能比它的邻居多繁殖几千万个后代，它就应该有更多机会成功，并且它繁殖的幼体将能够更充分地利用生态系统中任何可能出现的机会。另一种选择则是将 K 策略发挥极致的物种，即猩猩。一个幼年黑猩猩会在母亲身边待7 年，学习在森林里生存所需的一切。只有到那时，母猩猩才会繁殖另一个小猩猩。因此她一生的生育能力平均只有两只幼崽。

海洋太阳鱼和猩猩使用不同的策略来获得成功的繁殖

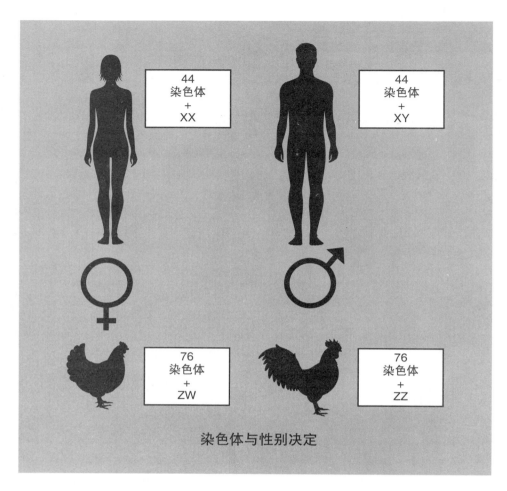

染色体与性别决定

性别决定

决定动物性别的机制并不是一成不变的。大多数高等动物，如鸟类和哺乳动物，都使用遗传系统决定。但在动物界的其他地方其他方法也在发挥作用。哺乳动物包括人类使用性染色体 X 和 Y，雌性为 XX，而雄性为 XY。雌性的配子是同型的，这意味着雌性的配子总是携带一条 X 染色体。雄性的配子是异型的，一半的精子携带一个 X 染色体，另外一半的精子携带一个 Y 染色体。鸟类靠 ZW 基因的遗传系统决定性别。在这种情况下，雄性的染色体是同型的，为 ZZ。而雌性则是 ZW 的异形染色体。许多昆虫使用类似的系统，雌性有两条性染色体，而雄性只有一条。鳄鱼、海龟和其他爬行动物的性别取决于巢穴的温度。在海龟中，处于较低温度的蛋往往是雄性，其余的是雌性。在鳄鱼体内，处于中间温度范围的卵子是雄性的，而热的和冷的卵子则变成雌性。这个系统每年都有大的波动。

真社会性

蚂蚁、白蚁和蜜蜂都是真社会性动物的例子。它们生活在一个由单一女王繁殖后代，工蚁建造巢穴、收集食物并养育更多后代的地方。这种社会性生物在没有合作的"干旱地区"蓬勃发展。白蚁皇后是一个巨大的卵生产者，比工蚁大很多倍，有一个蚁王和它一起生活。蚁后释放外激素使得它的雄性以及雌性的后代都保持不能生育的状态。有时，可育的有翅膀后代被派出去繁殖并开始建立一个新的蚁巢。相比之下，蜜蜂和黄蜂的工蜂都是雌性。它们和它们的母亲蚁后，都是二倍体，而未受精的单倍体卵发育成雄性或雄蜂，它们离开巢穴与新皇后交配并开始建立新巢。基因是复杂的，但是这个系统意味着工蚁的姊妹情谊比一般的姐妹关系联系地更紧密。这反过来又确保了工蚁们致力于帮助它们的母亲繁殖更多的兄弟姐妹。

精子竞争

通常雄性之间对配偶的竞争可能是激烈的，而且往往是致命的。然而，交配结束并不意味着竞争就此结束。精子是减数分裂的产物，由创造者的不同基因组成，并且它们彼此基因也不同。每个精子都与它旁边的精子直接竞争。连锁互换（见第64页）是减少性细胞之间的遗传差异从而降低这种竞争倾向的一个主要假设。如果不受约束，自然选择会使精子互相攻击。相反，由于精子受到约束无法直接竞争。这就导致了许多精子来源的雄性竞争。最简单的方法就是捍卫交配权。雄性小丑蟾蜍在伴侣身上停留19天，以阻止对手交配。一些雄性会分泌一个堵住伴侣生殖器的塞子。在乱交的物种中，雄性的阴茎可以在离开之前刮掉早先的精子，之后这一切都归结为速度和耐力的比拼，即精子最先到达卵子。

动物文化

选择 K 战略的一个好处是，父母在抚养孩子的过程中投入时间和精力，而不是简单地生产大量的后代，这就是教育后代的能力。许多行为，从狩猎技术到社会交往，都是在幼年学到的并且代代相传。动物行为的学习受到动物文化的影响。因为生活在世界不同地区的同一物种，它们的群体行为方式不同。一个很好的例子就是虎鲸：在海洋的各个角落，这些"海狼"成群结队地捕食。然而，每个群体都有一种适合它们生存的狩猎风格。一些以鱼群为目标，一些追踪鲸鱼，还有一些则抓海豹。所有的这些虎鲸都使用学习过并能熟练使用的合作狩猎技巧。一只吃鱼的虎鲸如果迁徙去了捕鲸的群体，将很难适应这种文化。动物文化的进化和传播是反映自然选择的一面镜子。新的行为在一个群体中扎根，然后转移到另一个群体。

新达尔文主义

对自然选择进化的现代理解被称为新达尔文主义。它不与伟大的原始达尔文理论相矛盾，而是与最新对遗传和遗传学的理解相结合。

新达尔文主义在 20 世纪 60 年代在约翰·梅纳德·史密斯和威廉·汉密尔顿的作品中出现（后来由理查德·道金斯推广）。它最明显的贡献是修正了在达尔文最初的理论中产生的误解。在 20 世纪早期，随着达尔文原始理论被广泛接受，人们认为，自然选择是在物种层面上进行的，其适应性是为了"物种的好处"。自然选择是如何做到这一点还不清楚，自然选择现象发生的单位被确定为生物个体，这更符合达尔文的原始想法。今天，进化生物学将身体视为一个由基因控制产生的机器，以确保它们的生存。因此，自然选择实际上是在基因层面上进行的。

利他主义

人类彼此间无私或者说利他的原因有很多。这可能是由于一种道德准则，为了彰显个人美德，或者为了最大限度地造福于大多数人，尽管为此付出了个人代价。然而，其他的动物则表现得很无私。例如，工蜂会刺痛攻击者并在这个过程中死亡；一只猫鼬哨兵在看到捕食者时，会对其他的猫鼬发出警告，吸引捕食者注意自己，同时给其他猫鼬一个逃跑的机会；帝王蝶会冒险被鸟吃掉，并在它的体内释放毒素，使它的攻击者厌恶呕吐。这样才能教会这只鸟在未来远离相关的蝴蝶。自然选择如何与在残酷的生存斗争下，不惜一切代价的这种行为相匹配的呢？唯一必须这样做的原因是父母和后代共享基因。家庭或社会群体的其他成员，以及所有物种的成员从某种程度上都是如此。动物的利他行为可能会阻碍一个个体的生存甚至杀死它，但这种行为也能保证更多基因副本的存活。

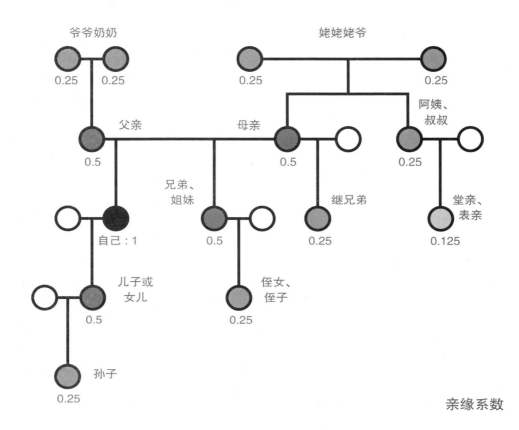

爷爷奶奶

姥姥姥爷

0.25   0.25

0.25

0.25

父亲   母亲

阿姨、
叔叔

0.5   0.5

0.25

兄弟、
姐妹

继兄弟

堂亲、
表亲

自己：1

0.5

0.25

0.125

儿子或
女儿

侄女、
侄子

0.5

0.25

孙子

0.25

亲缘系数

亲缘

也被称为"亲缘系数"，它是一种用数值表示个体生物之间在基因上所占比例关系的方法。无性繁殖的生物体，其后代的基因中有百分之百与它相同，因此它们的亲缘系数为 1。有性繁殖的生物将一半的基因传递给后代，尽管它们可能有的表型没有表达，但它们仍然存在于基因型中，因此它们亲代与子代的亲缘关系为 0.5。同代的兄弟姐妹也是如此，他们有 50% 的概率从父母那里继承相同的基因，所以他们的亲缘关系为 0.5。兄弟姐妹和祖父母之间的亲缘关系为 0.25，而表兄弟姐妹则为 0.125。第二代表兄妹拥有约 3% 的相同基因。这一数值与在人类基因库中一个完全陌生人的密切相关度是相同的。亲缘关系在人类法律中有其一席之地，以避免近亲繁殖（0.125 通常是限制），但它也有助于理解更广泛的动物世界的行为。

自私的基因

理查德·道金斯在 1976 年出版了著名的同名小说《自私的基因》，这个概念经常被误解。这并不是说我们的基因决定了我们的性格。因为这是"自然"的事情，所以给了我们一个行为的借口。也不是说基因具有某种超自然的智慧，能不断地计算并选择对自己最好的结果据此采取行动。

相反，"自私的基因"这个短语旨在总结新达尔文主义的核心原则：自然选择作用于基因水平；这种为了活下去而努力生存的动力是基因驱动的，并被复制到更大数量的结果；所有的动物行为，甚至看似无私的行为，都可以用这一术语来解释。基因的存在不是为了产生表型（生物体的形态特征和生理特征）。事实上，事实正好相反：表现型代表了一种基因可以确保它们生存，并能最大化的完成自我复制的能力。

这位水豚母亲（世界上最大的啮齿动物之一）守望着它的幼崽也是在保护它自己的基因

冒着风险去帮助那些看起来像你的人
是一个有缺陷的遗传策略——只有骗
子才会受益

绿胡须效应

动物的利他行为是自私的基因确保它们生存的结果。父母保护孩子免受攻击，兄弟姐妹互相帮助抚养孩子。这叫作"亲缘选择"，一个个体会致力于促进其亲属的成功繁殖，这就好像通过代理复制了他们自己的基因。但如果遇到没有血缘关系的动物但它们至少有一个共同的基因呢？它们会互相帮助吗？这是一个被称为"绿胡须效应"的实验所考虑的问题。想象一下，有一种基因能给携带者一个绿胡须。这种基因使它的携带者可以识别出其他有绿胡子基因的人，并对他们表现出利他的行为。这样的系统对基因非常有利，但它在自然界中存在吗？有一些未确定的例子，主要存在于微生物。但这个系统很罕见，因为它容易用来欺诈。一个突变的绿胡须基因，它排除了利他行为并将没有成本的获得所有的好处，因此会迅速取代原来的基因版本。

鹰鸽博弈

新达尔文主义的另一个现代化的方向是它利用博弈论来理解动物行为的进化，特别是那些用来解决冲突的动物行为。博弈论是数学计算概率的一个分支。它是在 20 世纪 40 年代成熟的一种用来帮助预测经济和军事场景中的人类行为的行为策略。但它也可以用更简单的形式来展示物种如何在进化中变得稳定。

鹰鸽的"游戏"分析了作为好战主义（鹰）或和平主义者（鸽子）的好处。鹰鸽双方在食物或伴侣的冲突中互相攻击。如果一只鹰遇到一只鸽子，它总是赢得奖品。如果一只鹰遇到另一只鹰，它将有 50% 的概率获胜（或失败）。如果一只鸽子遇到一只老鹰，它从不打架，什么也不赢，什么也不输。如果两只鸽子相遇，它们就会共享资源，各自得到一半。这四种情况发生的概率取决于鹰和鸽子在种群数量中出现的频率。鸽派中鹰派将会表现良好，鹰派中的鸽派也同样如此。

鹰鸽模型

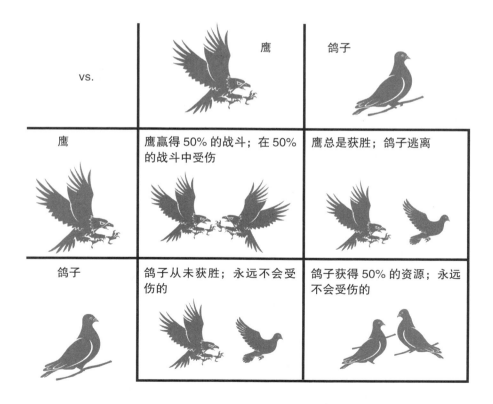

	鹰	鸽子
鹰	鹰赢得 50% 的战斗；在 50% 的战斗中受伤	鹰总是获胜；鸽子逃离
鸽子	鸽子从未获胜；永远不会受伤的	鸽子获得 50% 的资源；永远不会受伤的

德国生物学家奥古斯特·魏斯曼（1834—1914）是第一个基因决定论的伟大倡导者，经常被认为是"自私基因"理论的先驱

决定论

新达尔文主义强调了基因影响进化的力量，这使得人们相信基因是生物形态及行为发展的唯一因素。人们认为拥有特定的基因会直接导致他们具有某种特质，比如用"我的基因里有"来解释他们的行为和其他特征。这是一种被称为"基因决定论"的错误信念。

经典的达尔文主义指出生物的形态和行为特征与环境之间是相互作用的。达尔文对孟德尔遗传学一无所知。当这两种想法被融合时，出现了一种简单直接的理论。这种理论似乎表明生物基因是构建生物个体的实际指示。而事实上，人们一直都知道，一个独特身体的形成是每一个基因与环境相互作用。问题是最终的结果有多少是由先天自然决定（基因），有多少是后天培养决定（环境）（见第 170 页）。

行为主义

66行为主义"的心理学领域试图理解包括人类在内的动物，并通过其可观察的行为来理解它们的动机、学习和行为。一种用于调查学习方式的技术是"操作性条件反射"。在这种方法中，被测试的动物通过一种奖励与惩罚的系统来完成任务。这项技术最有力的倡导者是美国心理学家 B. F. 斯金纳，他设计了一个可以用来存放测试对象的房间。斯金纳通常使用鸽子，他对表现正确的鸽子给予奖励并强化这种行为。斯金纳教鸽子完成复杂的任务序列，以及一些更"聪明"的测试科目。他的结论是，学习是一个纯粹的生理过程，不需要任何心理因素，即使在人类身上也是如此！20 年来，这种激进的观念一直没有受到挑战，直到 20 世纪 60 年代末，当第一个心理记忆的物理痕迹在大脑中被成功分离时，才证明了生理和心理现象之间的联系。

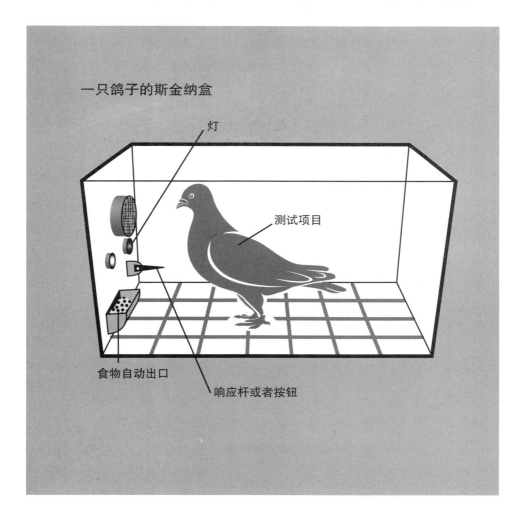

一只鸽子的斯金纳盒

灯

测试项目

食物自动出口

响应杆或者按钮

被称为叠层石的化石保存着来自 35 亿年前简单微生物的多层菌落

生命起源

自然选择的进化理论在很大程度上被认为是生物可以代代相传的机制。达尔文理论的核心是，所有生命都是由一种原始生物进化而来的，但这个共同祖先的特征是未知的。可以确定这个共同祖先是一种微生物，因为化石记录的最早部分（大约 35 亿年前）只有原核生物，如细菌和古生菌。这些与我们相比简单，但与无机结构相比非常复杂生命形式，可能来自于非生物材料。尽管有许多理论，但这是一个永恒的谜。

达尔文认为物种起源和生命的出现是两个独立的问题。想象一下"在一个温暖的小池塘里，有各种各样的氨和磷酸盐、光、热、电等。现在，一种蛋白质化合物已经被化学合成了，可以进行更复杂的变化了。"

原始汤理论

关于生命起源的最著名的理论反映了达尔文持有的观点，即它是从遥远过去的"温暖的池塘"中诞生出来。在这个例子中，"温暖的池塘"是 38 亿年前填满地球盆地的第一个永久海洋。该理论于 1952 年在由化学家史坦利·米勒和芝加哥大学的天体物理学家哈罗德·尤列进行的米勒-尤列实验中得到了显著的宣扬。他们组装了一个名为棒棒糖的装置，用于描述其中央反应室的圆盘形状。这个反应室用水和一些化学物质构建了火山的释放物，如氮、二氧化碳和硫化物。在一个恒定的循环中，混合物被搅拌、煮沸、浓缩以及电气化。在一天之内，它变成了粉红色。经过一周的研究，研究人员发现它含有了许多复杂的化学物质，如氰化物、氨气，甚至是一种简单的氨基酸。研究人员推断，如果这个实验的规模越来越大，它最终会产生所有生命所需的化学物质。

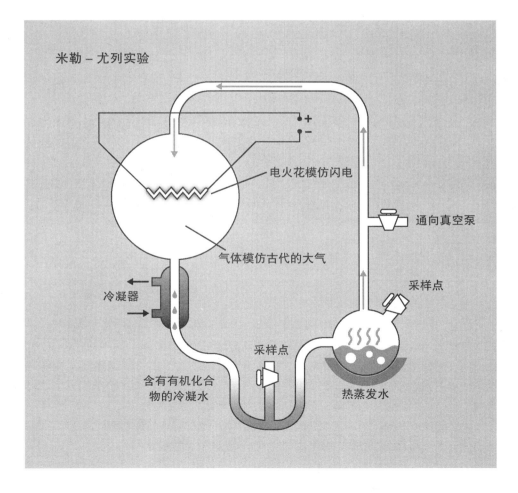

米勒–尤列实验

电火花模仿闪电

通向真空泵

气体模仿古代的大气

采样点

冷凝器

采样点

含有有机化合物的冷凝水

热蒸发水

地球上生命的种子很有可能来自太空的陨石或彗星

有生源说

生命出现的第一步必须是一个没有生命的化学过程。这个过程能够建立生命所需的生化物质。然而，泛种论理妙地回避了这个问题（至少对我们的星球来说）。该理论认为地球上的生化物质，甚至第一个活细胞是来自太空的。这一想法在 19 世纪形成，并受到旨在寻找地外生命的天体生物学家的密切关注。他们对携带了生命物质到地球的容器有一些观点。在宇宙中爆炸时产生的微小尘埃，能封住细菌并到达地球吗？在彗星撞击地球的时候，被冻结的生化物质是否被燃烧殆尽了？在 2015 年用来分析彗星冰的"菲莱"着陆器认为这是不可能的。因此，也许最强大的候选者是陨石。它能够将太空岩石冰冻核心中的生化物质甚至是细菌带到地球上吗？

催化作用

近年来，生命诞生在温暖的古海洋里这一的概念被推到一边，取而代之的另一种说法是生命出现在海底沉积物中。尽管这听起来很极端，但海底热液喷口周围富含化学物质的沉积物，这里是地球形成初期最稳定的环境之一。相反地表区域受到强烈的太阳辐射，气候变化剧烈。许多人认为，从非生命到生命的这一步是在海洋深处迈出的。

但是到底是什么把一种化学物质转化成生命形式呢？答案是"自动催化"，或者说自己就是催化剂催化了自己。催化剂是一种能够去除阻止化学反应的能量屏障的物质，它的存在使反应几乎可以自发完成。第一种生命形式是一种分子，它可以运用原材料催化形成一份自己的副本。RNA 能够以这种方式进行自动催化。但很可能在它之前有许多更简单的化学生命形式。

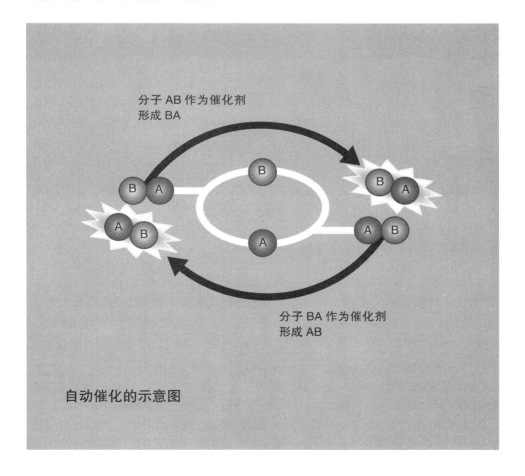

自动催化的示意图

化学演化

从复杂分子过渡到我们今天所认识的生命形式的过程叫作化学演化。我们可以想象沉积物充满化学物质，其中一些可以通过自身催化复制自身（见第 153 页）。这些分子在同一种原材料中竞争。有些分子会比其他的分子更擅长建立准确的复制品，因此它们成倍增长，成为主导。这就是自然选择的最早形式。

当复制因子变得更大、更复杂时，复制错误或突变就会出现。这些突变或者错误在自然选择的战斗中会帮助或阻碍每一个分子。在某种程度上，一种类似于今天的核酸（RNA 和 DNA）与蛋白质相关的复制因子，有助于它自我复制并保护脆弱的分子。这些蛋白质被编码到复制器的结构中，形成类似于病毒的生命形式（见第 168 页）。演化的最后一步是整个组合被包裹在一个油性的薄膜里，以保护其材料的供应。这就是第一个细胞。

内共生

大约35亿年前，从化学物质中进化出的第一个细胞生命形式是原核生物、细菌和古菌群的祖先，它们仍然主宰着地球上的生命。生命的第三个领域，即真核生物，是由大约15亿年前进化而来的单细胞产生的。令人惊讶的是，这个细胞不是由一个祖先，而是几个组成的。它的一些细胞器（见第27页），如内质网，是由细胞膜的褶皱演变而来。但理论认为，其他的细胞器，主要是线粒体和叶绿体，来自于在大细胞中的内共生原核生物。这种"内共生"的过程可能发生了很多次，但今天所有的真核生物都是由一个成功的细胞形成的。最早的内共生体可能是一种以硫为食的细菌，它们进化成了线粒体（这些细胞器仍然携带着在它们自由生存时的DNA）。叶绿体很可能是后来加入的，其最初是能独立进行光合作用的"蓝藻"。

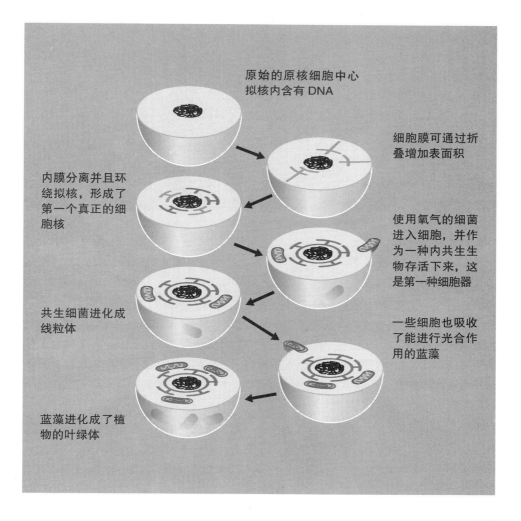

原始的原核细胞中心
拟核内含有 DNA

细胞膜可通过折叠增加表面积

内膜分离并且环绕拟核，形成了第一个真正的细胞核

使用氧气的细菌进入细胞，并作为一种内共生生物存活下来，这是第一种细胞器

共生细菌进化成线粒体

一些细胞也吸收了能进行光合作用的蓝藻

蓝藻进化成了植物的叶绿体

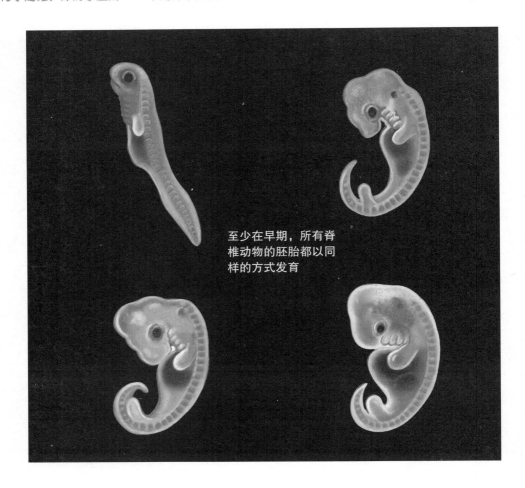

至少在早期，所有脊椎动物的胚胎都以同样的方式发育

进化发育生物学

短语"evolutionary development biology（进 化 发 育 生 物 学，简 写 为 evo-devo）"即进化发育生物学试图弥合 DNA（基因型）和解剖学（表现型）之间的差异。在弥合的过程中，它是寻找生命进化树主要分支的有力工具，帮助填补了化石记录的巨大空白。与简单地比较 DNA 或解剖学相比，进化发育生物学比较了生物体从受精卵发育到成熟形态的方式（见第 74 页）。并假设早期发育相同的生物体与早期发育不同的生物相比关系更紧密。

在过去的 30 年里，进化发育生物学一直处于进化生物学的前沿，并证明了身体的复杂性和总体的解剖学特征彼此间并不一定有良好的进化关系。例如，扁虫和分节蠕虫被归类于软体动物，而甲壳类动物和昆虫则更密切被归类为蛔虫（线虫）。海星已经被证明在生命树中属于与脊椎动物同一分支。

同源基因

作为遗传学力量的一个主要例子，同源基因是控制大多数动物胚胎发育的"源代码"，通常被描述为"发育遗传工具箱"，被用于所有的两侧对称动物，这是动物界的一个"亚王国"，它们生命的某一时刻生长着双侧对称的身体。因此，同源基因是从扁虫到长须鲸这些生物共有的基因。

在这些基因的作用下，胚胎产生一个头部在其中的一段，产生一个腹部在另一端（通常是一个与尾巴相似的结构）。身体的每一部分都有不同的基因，用特定的蛋白质在头尾轴上不同的部分做标记。这些化学标记导致了在每个位置形成正确的形态学特征。这可能是四肢、其他附属物或眼睛。同源基因如此重要，以至于自然选择让它们在整个两侧对称动物中或多或少的留下了相同之处，并在任何地方都扮演着同样的角色。在某些物种中同源基因可能会被限制，例如蛇的四肢基因，但身体的大部分编码总是被保留下来。

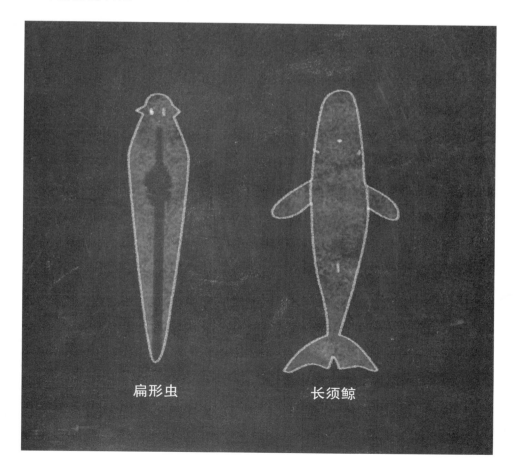

扁形虫　　　　　　　　长须鲸

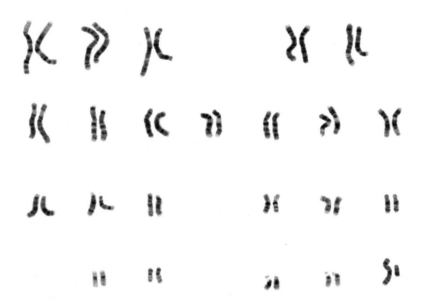

人类的染色体组型是由 46 条染色体组
成的 23 对染色体

人类和遗传学

我们寻求理解基因的一个主要原因是，我们可以用它来解决问题，尤其是有关人体的问题。许多导致巨大痛苦的遗传疾病都是由基因引起的，也可能是由基因决定的。像镰刀型细胞贫血症、血友病以及亨廷顿舞蹈症等疾病是由单个基因引起的，而另一些疾病则是由染色体上出现较大错误所产生的。许多疾病都有遗传上的因素。因此未来的医学很可能集中在根据病人的基因组成的个性化的治疗上。

人类遗传学最好使用"染色体组型"来表达。这是一个人类染色体的快照，因为它们为细胞分裂做好了准备。总共有 46 条染色体，其中一对性染色体和 22 对常染色体。这是医生在诊断遗传疾病时首先检查的，寻找不正确匹配的染色体。这可以表明某些遗传信息是错误的。

人类基因组计划

人类基因组计划被称为"历史上最伟大的探索壮举之一。这是一次内在的探索之旅而不是对行星或宇宙的探索",该计划已经进行 20 年。2003 年,该计划成功地读取了人类 DNA 的每一个片段,对单倍体人类基因组的意义链(这是 23 条染色体,而不是全部 46 条)进行了核苷酸碱基的测序。人类基因组计划的大部分原始材料是从纽约布法罗的一位不愿透露姓名的男子那里获得的,其中还有一些材料来自其他捐赠者的样本。检测的结果是获得 25 个核苷酸序列:其中包含 22 个常染色体(非性染色体)、性染色体 X 和 Y 以及微小的线粒体 DNA 链。总的来说,人类基因组中碱基对的数量大约是 30 亿个,但这到底意味着什么呢?人类基因组计划收集的序列数据对其捐赠者来说是独一无二的。但这并不是所有人类的基因序列。但它仍然为识别编码 DNA 的基因和那些"垃圾"的基因提供了参考。通过这种方式,人类基因组真正的探索才刚刚开始。

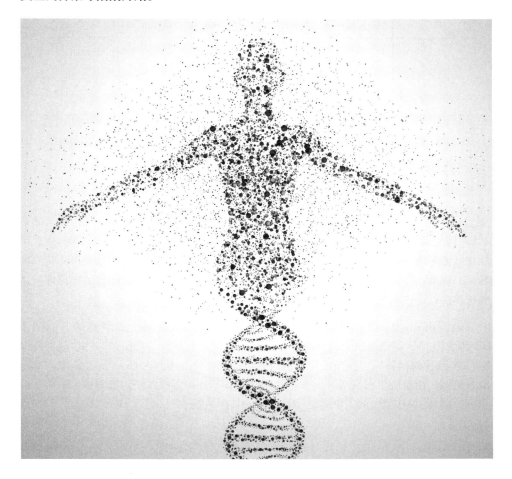

血型

	组 A	组 B	组 AB	组 O
红细胞类型	A	B	AB	O
抗体出现	抗体 B	抗体 A	没有	抗体 A 和 抗体 B
可接受的 捐赠者	A 或 O	B 或 O	所有	O

血型

每个人都有四种血型之一 A、AB、B 或 O。它们是遗传上的特征，与之相关的基因是孟德尔遗传学的一个课题。血型与抗原或化学标记物有关，这些物质会出现在红细胞表面。此外还存在一些抗体在血液中漫游，以寻找血液含有不同抗原的异类。因此一个 A 型血的人，他血液中的红细胞上有 A 抗原，血液中有 B 抗体。这些抗体会锁定任何带有 B 抗原的细胞并提醒免疫系统。

血型由 A、B、O 基因控制。A 型血的基因型为 AA 或 AO；B 型血的基因型为 BB 或 BO。AB 型血是由于在遗传过程中获得了 A 和 B 等位基因所产生的。这些血细胞有 A 和 B 两种抗原，而血液中没有抗体。O 型血的基因型为 OO，这种情况下细胞没有抗原，而血液中含有两种抗体。这意味着 O 型血可以进入任何血型的系统中，而不被检测到。AB 型血的人则可以接受所有的其他血型。

人体白细胞抗原（HLA）类型

HLA 代表"人类白细胞抗原"，它与一组编码抗原或化学标记的基因有关，它可以作为身体细胞的身份识别系统。HLA 基因产生了大约 12 种抗原，它们出现在每个细胞上。这些抗原中有些比其他的更重要。免疫系统忽略了有这些被标记的细胞，并攻击任何有外来抗原的细胞。这就是病原体或传染源通常被识别去除的原因（有些病原体和寄生虫可以通过使用宿主的 HLA 来隐藏自己）。一个人的 HLA 类型可以通过实验室的抗体测试来确定，这就是检测捐赠器官与移植接受者是否相匹配的方法。HLA 的类型也与人类族群有关，对人类迁移的研究也很有用。大多数 HLA 基因都聚集在 6 号染色体上。其中一些与遗传性疾病有关，如腹腔疾病和关节炎。这是因为疾病基因位于染色体上 HLA 基因旁，很可能与 HLA 一起遗传。

种族

在 19 世纪，人类学新兴领域（人类研究）的目标之一就是将我们的物种纳入其生物的环境中。其中一个研究的成果就是种族群体的概念的建立。人类经常被简化为一些主要的种族。它试图将基因遗传的表现型，如皮肤颜色、头发类型和头骨形状与智力、人格联系起来，但这并没有科学依据。在人口遗传学领域，"种族"这个词很少使用。取而代之的是，在广泛区域内的人口表现型的逐渐变化叫作渐变群，这更能反映出人类的许多表型差异。然而，我们 73 亿人之间的差异只占到我们 DNA 的0.5%。

多倍体

对植物来说，尤其是农作物如小麦和番茄，要超过正常的二倍体而携带多倍染色体并不罕见。这种现象被称为多倍体，它在农作物中出现会导致更大的植物体。因此，有些动物是没有不良影响的多倍体。有一些种类的鱼在每个细胞中的染色体多达 400 条。多倍体通常与孤雌生殖（见第 77 页）有关，在这种情况下，雌性会在不需要交配的情况下产生幼崽。这会有更高的可能性使细胞分裂发生错误，将多组染色体放入合子中。一个类似的过程可能发生在人类身上，最常见的是卵子（卵细胞）是二倍体，在卵子中已经含有 46 条染色体。精子在受精过程中又给合子增加了 23 条染色体，形成了一个具有 69 条染色体的三倍体合子。据估计，在所有人类的怀孕中，有 2% 的人会产生三倍体以及一些"四倍体"。这些多倍体绝大多数会导致流产，15% 的自然流产是由这一单独因素造成的。

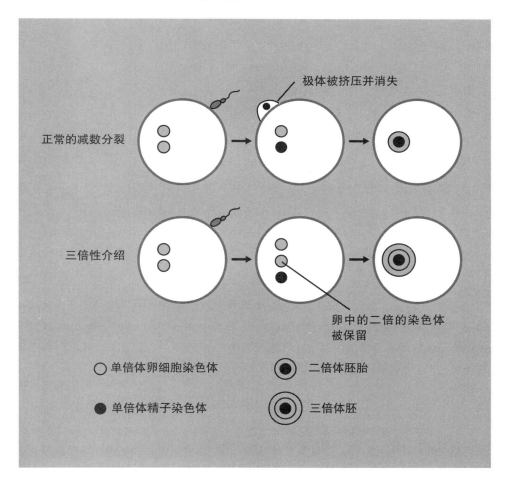

163

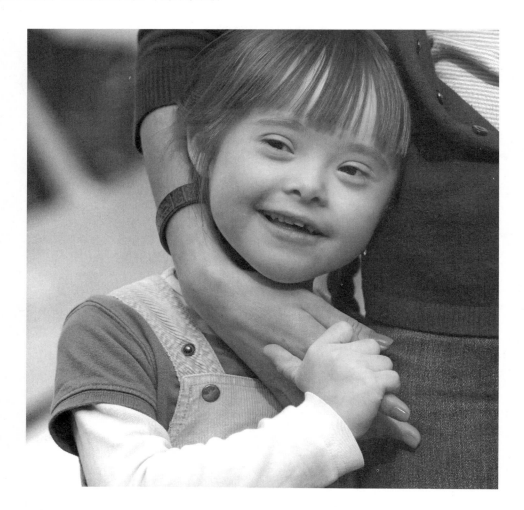

唐氏综合征

唐氏综合征是一种被称为非整倍体的染色体紊乱结果，以 19 世纪 60 年代描述它的英国医生约翰·唐恩的名字而命名。非整倍体是指体细胞中存在异常数目的染色体。在唐氏综合征的情况下，这些细胞是"21 三体"的，这意味着它们有三个版本的 21 号染色体，而不是正常情况下的两种。由于这种额外的遗传物质，有 21 三体的人往往比一般人更矮、有独特的面部特征且通常患有心脏问题。他们的成年智商一般都在 50 左右，这与 9 岁孩子的平均智商相一致，尽管这一数字很普遍。

另一个非整倍性染色体紊乱是特纳综合征，这种情况下，细胞只有一条 X 染色体。患者是女性，比一般人矮，而且有生育问题。而克兰费尔特综合征中，男性拥有 XXY 的基因型。额外的 X 染色体使他长得很高，并使其男性和女性性状混合出现。

拷贝数变异

拷贝数变异（CNV）是一种常见的染色体异常。它在染色体复制过程中产生，并导致相当一部分 DNA 被删除或复制。结果，被复制的染色体与模板染色体会有不同数量的基因。通常是同一种基因的多份拷贝。拷贝数变异可能涉及一千个到几百万个碱基。据估计，人类基因组中 13% 的变异是由这种染色体突变造成的（其余大部分来自于单个核苷酸碱基发生改变的点突变）。

人类基因组计划发现了人类中的拷贝数变异。稳定的拷贝数变异是那些小的或者对表型几乎没有影响的变异并代代相传。大的拷贝数变异会导致不育，因为它们的产生使得同源染色体的长度不匹配，这降低了减数分裂的成功率（见第 63 页）。

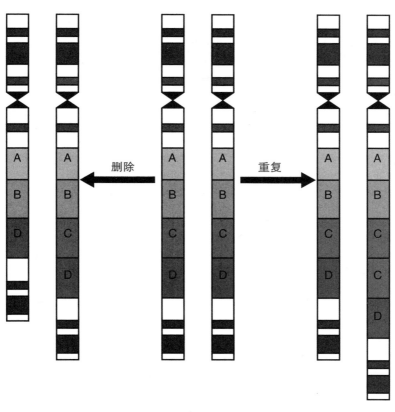

一份被移除基因 C 的复制染色体

原始 DNA 链与基因 A、B、C 和 D

一个包含额外基因 C 的复制染色体

俄罗斯王位继承人罗曼诺夫（右二）患有血友病，这是一种与 X 染色体
有关的血液病，从他的曾祖母维多利亚女王那里继承来的

X 伴性遗传病

拥有两组基因的二倍体细胞的优点之一是，如果一个基因被证明是有缺陷的，那么另一个基因就会弥补它的影响。22 个非性染色体或称为常染色体的配对都是对等的，但由性染色体组成的第 23 对染色体是不相等的。女性有两个 X 染色体，而所有男性都有一个 X 染色体和一个 Y 染色体，Y 染色体要比 X 小得多。与 X 的 1.53 亿个碱基对相比，Y 染色体只有 5 900 万个碱基对。因此，在 X 染色体上会有一些没有匹配的基因。当一个有害的基因出现在一个女性细胞的 X 染色体上时，另一个 X 染色体可以掩盖它的作用。而 X 染色体上的基因在男性细胞中却可以自由表达，因为 Y 染色体没有提供像女性那样的防御。因此，一些遗传性疾病是与 X 染色体有关的，它几乎是男性独有的。这些疾病包括色盲、血友病和杜氏肌营养不良症。女性通常是这些患病基因的携带者，但只有当她们继承了两条 X 染色体中携带有缺陷基因的那条时，才会受到影响。

癌症

人体组织的不受控制的生长通常会导致肿瘤，或被称为癌症。肿瘤可能通过身体扩散，扰乱身体正常工作，最终压倒重要器官，或将身体的免疫系统超出工作极限。癌症不是一种疾病，而是许多不同的疾病，大约有 200 种。它们有很多相同的原因，包括暴露在致癌物质、电离辐射、某些感染以及基因问题。在大多数情况下，癌症是这些因素逐渐累积最终引发的。但所有的癌症都始于某些基因的变化，即致癌基因。这些基因参与细胞的快速分裂，通常在胚胎期后停止作用。然而，如果它们被再次激活，它们就会覆盖用于维持个体大小控制细胞死亡的系统。其结果是身体某一部分的不受控制的生长，导致肿瘤。

每一种癌症都始于一个原发肿瘤不受控制地生长，这是由一个异常细胞引起的。肿瘤细胞的变化可能导致转移，在这种情况下，新的基因不同的肿瘤细胞会扩散到全身

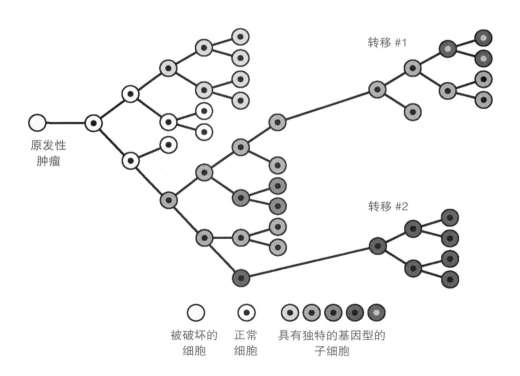

病毒的结构

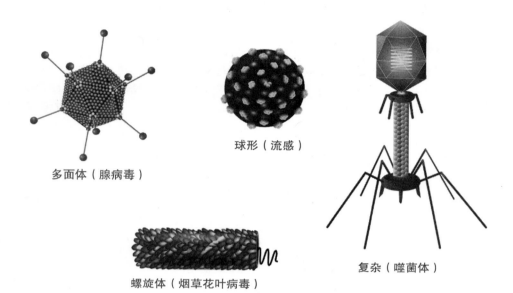

多面体（腺病毒）

球形（流感）

螺旋体（烟草花叶病毒）

复杂（噬菌体）

病毒

每个人都熟悉病毒。在我们生活的某个时刻，比如患普通感冒或水痘，当遭受病毒性疾病的折磨时，我们都曾与它们亲密接触过。但很少有人意识到，病毒并不是真正的生物。对它最好理解是病毒是一种寄生型的 DNA。病毒的"身体"是由包裹着一层保护蛋白外衣的圈状 DNA（有时是 RNA）构成的。它是寄生的，因为病毒无法自己复制 DNA，它需要劫持一个细胞的复制系统来完成。病毒的蛋白外壳附着在细胞的细胞膜上，并通过它形成一个通道，让 DNA 进入细胞。然后，DNA 被带到细胞核，使细胞不停地复制病毒的 DNA 和蛋白质。最终细胞变得饱满并解体，释放出新的病毒来感染新的宿主。这个过程就是杀死细胞，制造疾病的过程。毫无疑问，病毒并不是遗传过程中的偶然事件；一杯海水含有的病毒比地球上的人类多，每一个都进化成寄生于一个特定的基因组的病毒。而幸运的是，这其中很少有病毒针对我们。

朊病毒

朊病毒一词源于"蛋白质"和"感染"的缩写，它是一种致病的病原体，就像病毒一样不是真正的生物。然而，不同于病毒和其他所有的传染源，朊病毒不含遗传物质。取而代之的是畸形的蛋白质。它们以蛋白质在细胞内的正常方式合成，并有一种结构，使它们在新陈代谢中使用。许多蛋白质能够重新折叠成其他形状，但没有新陈代谢功能。朊病毒是一种非常罕见的蛋白质子群，一旦它们变得畸形就会开始自我繁殖。这种被折叠的蛋白质起着模板或模具的作用，会使健康的蛋白质变得具有相同的恶性形态。这两种持续的过程使形成的有害蛋白质成指数增长。这些蛋白质聚集在一起形成一种叫作淀粉样蛋白的纤维组织。直到 20 世纪 80 年代，朊病毒才被发现；迄今为止，所有已知的朊病毒疾病，如克雅氏病，会攻击大脑或神经系统。这些疾病都没有治愈的方法，而且都是致命的。

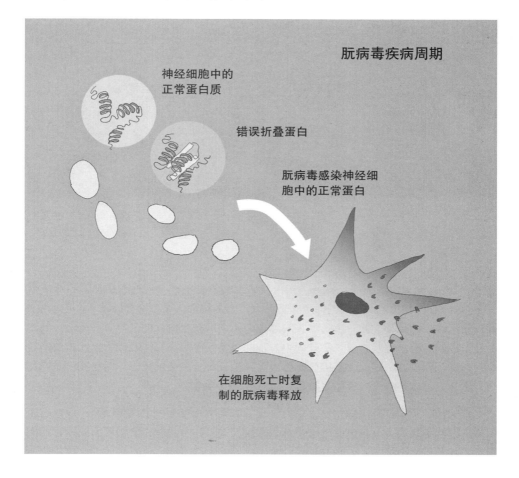

朊病毒疾病周期

神经细胞中的
正常蛋白质

错误折叠蛋白

朊病毒感染神经细
胞中的正常蛋白

在细胞死亡时复
制的朊病毒释放

先天和后天

在某种程度上，我们都被卷入了先天与后天的争论中：我们的人格是源自与生俱来的遗传，还是由我们的经历塑造而成？大多数现代思想家都同意 17 世纪哲学家约翰·洛克的教导，即一个新生儿的思想是无知识的空白，即一个"白板"，或者说是干净的石板。在我们成长的过程中，我们经历的事情会填满我们的记忆，塑造我们的态度，但在这个过程中基因会起作用吗？没有人认为精神状态和社会态度是遗传的。然而，创造这些精神状态的大脑，它的结构和功能却可能是。

在美国，辩护律师可以辩称，他们客户的大脑结构存在一个认知缺陷。以此用来解释他们的犯罪行为，并对此进行申辩。然而，关于怀孕期间和创伤后大脑发育的研究表明大脑是"可塑的"，并且其在整个生命周期中功能图谱一直在改变。这表明，在大多数情况下，后天的教导往往会主宰自然。

优生

66 优生"这一理论认为人类作为一个物种可以通过选育，去除那些不利的特征来改善健康或选择那些令人满意的特质。这个想法是达尔文的堂兄弗朗西斯·高尔顿提出的。而达尔文和其他人提出的遗传和选择的机制可以让每个人类都变得更好。

但是，首先我们要知道如何鉴定哪些特征是可遗传呢？高尔顿意识到了先天与后天的辩论（的确，他创造了这个短语），从 19 世纪 80 年代开始，他试图将形态特征与智力联系起来。高尔顿没有发现任何相关性，但优生随着科技进步发展成了优生学。当今，优生学为先天性疾病的预防提供了广泛帮助。

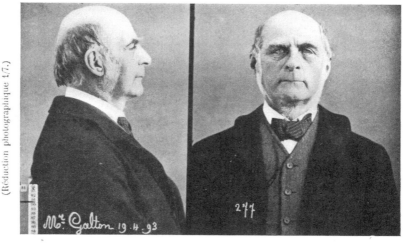

弗朗西斯高尔顿以自己作为基准，寻找身体形状和智力之间的联系

智力与智商

长期以来，人们一直认为智力是遗传的。早期的观点是大脑和头骨大小与智力有关。所有试图证明这一点的尝试都失败了，很大的原因是没有办法测量智力。在 19 世纪 90 年代，法国神经学家阿尔弗雷德·比奈采用了一种新的方法即通过设计智力测试测量智力。这种方法基于问题解决，避免了对高级阅读和写作技巧的需求。比奈的测试问题变得越来越难，每个问题都被设计成在一个特定年龄组 50% 的人能够回答。在这个测试中，一个人显示出他们的"心理年龄"。从 1916 年起，一个类似的平均得分为 100 的测试被用来测量一个人的"智商"，这就是被大家熟知的 IQ 测试。智商测试在今天仍然被使用，尽管我们似乎越来越聪明。因此测试必须定期升级，以保持平均分数在 100 分。智商分数和学业成绩表现出家庭性，这表明他们可能有遗传因素。但是，"智力基因"的存在未被证实，它的行为的机制也仍然是个谜。

双胞胎研究

在人格和智力遗传方面最有力的研究工具是双胞胎研究。同卵双胞胎在形态上和基因上都是一样的。尽管他们的先天部分是一样的，但他们的后天的培养又会怎么样呢？双胞胎研究的"圣杯"是研究在出生后不久就被分开的同卵双胞胎。双胞胎的性格可能会使他们成长为成年人后行为和喜好都相同。但如果他们被培养的方式是一个主要因素，那么这些同卵双胞胎则不具有相似的人格。这样的研究为寻找一个控制所有性格特征的基因带来了希望。

在实践中，分离的双胞胎经常表现出相似的性格，而统计分析表明，这种相似性一半是由基因决定的。事实证明，选择出一个孤立的控制性格的基因是不可能的。但这使我们更好地理解了大脑在各种刺激下的发展方式最终可能会指向基因组成部分。

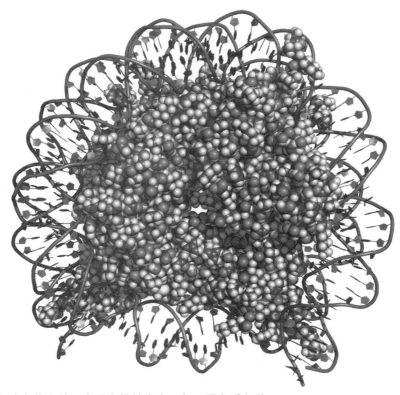

DNA 与染色体上的一个蛋白核结合在一起。蛋白质和其他分子形成表观基因组，它们呈现某些基因，并将其他的基因隐藏起来

表观遗传学

表观遗传学这个术语的意思是"在什么之上"，而表观遗传的过程则是指由于某种环境因素对基因表达的影响。经过很多代人的研究，最近有了一个相当惊人的发现：表观遗传效应似乎与基因一起传递，至少在一到两代人身上是如此。

除了基因组，每一个细胞都携带一个表观基因组。这是一组在染色体上进行排列的像助手一样的辅助化学物质。这些助手将未使用的基因盘起来以节省空间（例如，一个骨细胞内的血细胞基因）。而其他的那些经常使用的基因则会被打开。与基因组不同的是，表观基因组改变了对环境刺激的反应，研究人员正在加紧寻找更多的证据，他们认为这一过程将癌症与不良饮食和其他不良健康选择联系在一起。更重要的是，越来越多的证据表明，表观基因组中，至少是其中的一部分是可以传给后代，甚至可以传给孙辈。这意味着我们的基因遗传是有柔韧性而不是一成不变的。

荷兰饥饿的冬天

表观遗传的第一个证据出现在荷兰的饥饿冬季，这是 1944 年至 1945 年冬天战争造成的饥荒。它导致了成千上万的人死于饥饿，但在战后，它提供了一个独特的机会来研究营养不良的影响。饥荒前孕育的婴儿出生体重较低；在发育的最后阶段，他们缺乏营养，所以在他们的一生中，他们的成长并不多。然而，在饥荒期间受孕的婴儿有着正常的出生体重：他们的早期发育是在饥荒期间，但最后的三个月在饥荒之后，因此他们的成长赶上了。然而，在后来的生活中，第二组被发现可能患有肥胖症和精神疾病。而且令人惊讶的是，他们的孩子也是如此。这一理论认为，这些问题是由饥饿造成的表观基因组引起的，它是由母亲、胎儿和胎儿的生殖细胞形成的（最终会产生自己的配子）。但问题仍然存在，表观基因组能否进一步超越这些世代？

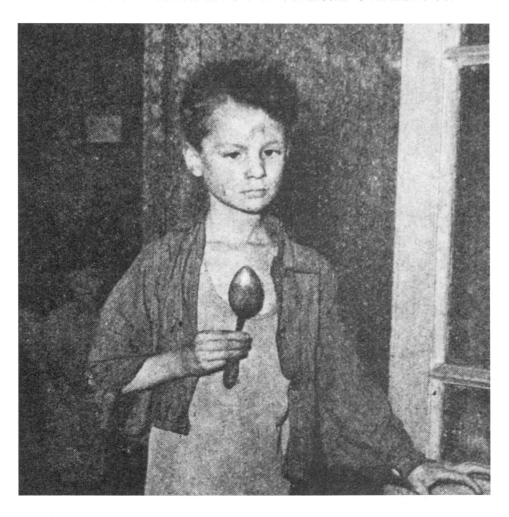

模因论

基因是唯一遵循自然选择的事物吗？一个答案是不是。模因是一种知识或记忆的单位，它可以像基因一样通过意识进行复制。鼓掌的模因就是非常成功的一个案例。我们从别人那里学习或继承这个想法，并以同样的方式传递下去。鼓掌多年来一直保持着惊人的稳定，在大多数文化中都是如此。但也存在"突变"的形式，如跺脚或敲桌子。这些突变形式在比拍手更适合的环境中保存下来。一些模因不怎么成功，只是在某些群体中传播。还有一些被完全遗忘，实际上已经灭绝了。模因论试图运用基因的理论来研究思想的本质，但最终失败了。虽然我们对模因的定义等同于基因的表现型，但模因论的表型与它的基因型不匹配或者说与 DNA 不是一条链的关系。思想并不是被大脑分开存储的模因，而是通过联想一组复杂的或分布的不同记忆来回忆。

遗传学技术

格雷戈尔·孟德尔（见第 13 页）发现了遗传学，因为他选择在已经驯化的植物和动物上研究遗传（在豌豆作为他的研究对象之前，他饲养了一些可怕的有攻击性的蜜蜂，这些蜜蜂最终不得不被消灭）。从一开始，遗传学就与实际应用有关，随着最近基因组研究和基因工程的进步，这种联系比以往任何时候都更加强大。

干细胞和基因疗法的研究提供了一个非常真实的前景，即遗传性疾病可以在基因水平上进行修补，这样就可以使曾经的永久性损伤得到治愈。基因改造可以使一个物种的基因转移到另一个物种，从而跳过正常的育种过程。虽然这样的技术（像任何技术一样）必须回答许多伦理问题。但它有可能改变农业，甚至是人类本身。此外，DNA 的化学性质正在被探索。这方面的研究不是为了它们在遗传上的作用，而是作为在纳米尺度上制造机器的材料。

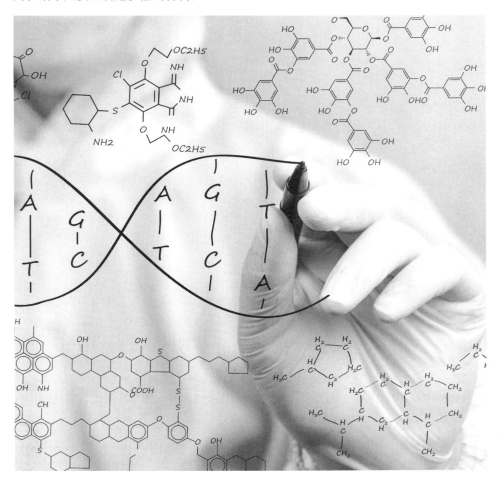

人工选择

所有的农作物和农场动物，以及大多数宠物动物，都是"人工选择"的产物。这一过程利用了与自然选择相同的遗传机制。但个体生存和死亡以及哪一对会交配，这些选择是由人类饲养者代替环境来决定的。育种者选择具有某些理想性状的一个世代，并使它们彼此交配，希望这些特征能在它们的后代中保存下来。这可能是一件凭靠运气的事情，正如孟德尔发现的那样，并不是所有的后代都能表现出目标特征。尽管将那些不可能存在目标特征的个体排除。但即便如此，人工选择仍需要几个世代来产生明显的影响。

人工选择是基因技术的第一种形式，尽管它早在遗传学规则被揭示之前就已经存在。几个世纪以来，它产生了许多我们最熟悉的植物和动物。

农业

大约在 12000 年前，人类社会开始从狩猎和采集食物转变为自我供给。农业的诞生与犁、灌溉和人工选择等许多技术相关联。它们控制了作物的表现型，以最大限度地提高收成。这里最后一步特别有趣。第一批农民种植了那些后来被认为成为今天谷类作物的草田。他们的祖先对这些食物并不陌生，从野草中收集了那些掉下来的谷物种子并用来研磨成粉。野生禾本科植物穗或果实，在轻微的触碰中谷物掉到地上并找到肥沃的土壤。但是有些草并不容易被破坏。自然选择会对这些植物进行选择，但是早期的农民意识到他们更容易收获，并同一个领域内进行种植。今天，这些在野生环境下不会茁壮成长的突变株是世界上最常见的植物之一。

牲畜

最常见的动物往往是牲畜，这是一种提供蛋、奶、毛、皮的家养动物。人类为了适应需要经过许多世代培育出了类似的工作动物。这些家畜都有一个野生的起源。家畜的许多特征都可以追溯到它们的自由生活形态。绵羊和山羊是由沙漠中的一种山地动物培育出来的。它们能够在干旱的气候条件下生存，这种气候不适合其他食草动物。它们为了安全会聚集在一起，就像它们的野生亲戚一样，在受到威胁的时候，它们仍然会向山坡上奔跑。鸡是印度丛林鸟的近亲，这是一种在地面生活的森林鸟类，只能做短途飞行，因此很容易被管理。马是一种食草动物的后代，等级森严的社会性团体让它们的后代能够很好地与人类饲养者一起工作。狗是驯养的狼，可能是最早的家畜，它们与人类家庭融合在一起。

杂种优势

通常，通过故意跨越两种不同类型的父母产生的动物，不仅具有育种者所选择的特征，而且还具有强壮和健康的特征，这种现象被称为杂种优势。这是远亲繁殖有益效果的一个例子，它是指不同基因型的生物的交配。这种结合的结果是后代得益于具有许多不同的等位基因。这些等位基因通常使它们的父母在持续的竞争中战胜捕食者和寄生虫。有性繁殖的好处之一是它促进了远亲繁殖，尽管也有缺点。有时，后代继承了不相容的等位基因，从而减少了他们的健康。

　　与远亲繁殖相反的是近亲交配，即亲缘关系很近个体进行交配。它们分享了很多相同的基因，结果是有害的隐性等位基因会在后代的表型中更频繁出现，创造出一个不太适应环境的个体。

纯种的赛马是杂交的产物，它结合了英国猎马的速度快和阿拉伯品种的耐力

人工杂种

动物饲养者发现他们可以通过将密切相关的物种来生产人造杂交品种。**最熟悉的是骡子**，这是一种非常珍贵的牲畜。骡子高大强壮同时也很温顺结实。骡子是驴和马的杂交品种，特别是公驴和母马（母驴与公马产生的骡子通常弱小）。马有 64 条染色体，而驴子有 62 条。因此，骡子有 63 条，这是一个奇怪的数字。63 条染色体使得骡子在减数分裂过程中无法对染色体进行配对，产生可存活的精子和卵子。

其他人工干预的杂交品种包括斑驴（驴 - 斑马）、皮弗娄牛（牛 - 野牛）、鲸豚（虎鲸 - 海豚）和狮豹（狮子 - 豹子）。狮虎兽是一只雌虎和雄狮之间杂交产生的。它混合了老虎的条纹和狮子的更白的皮毛。由于杂交的活力，它是巨大的，长到 3.6 米（11.8 英尺），这使得它比任何野生猫科动物都要大。

突变体研究

很少有家畜每年繁殖超过一次，而漫长的世代再加上明显的伦理问题，意味着不太可能用家畜研究突变基因对其健康和胚胎发育的影响。不过同样的问题不会出现在果蝇上。这种小昆虫可以生活一个月，性成熟需要 8 小时。它只有 3 条常染色体（再加上两条性染色体）。还有一个额外的好处，即果蝇在唾液腺中创造了染色体的巨大拷贝，这使得它的染色体很容易被分析。

所有这些都使果蝇成为基因研究的理想物种。已经有几十种果蝇突变体被培育出来，包括卷曲翅膀的、各种身体和眼睛颜色的、短刚毛的（昆虫的毛），甚至有种被称为"铁皮人"的突变体，它没有长出心脏。果蝇也被用于研究基因、衰老以及大脑发育之间早期阶段的联系。

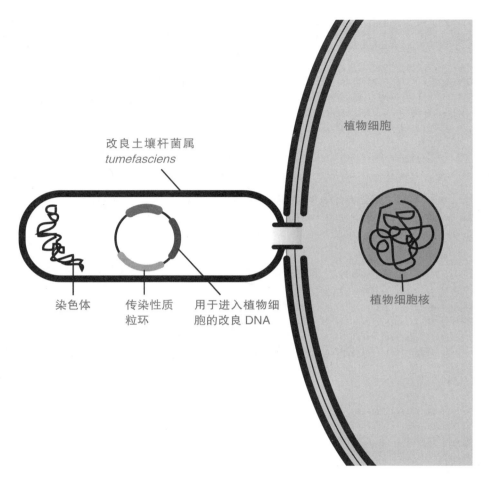

改良土壤杆菌属
tumefasciens

植物细胞

染色体

传染性质粒环

用于进入植物细胞的改良 DNA

植物细胞核

转基因

转基因（GM）也被称为基因工程，是将新型基因引入基因组的实践。很可能将基因从一个物种转移到另一个物种。虽然自然选择可以将任何生物进化成另一种生物，比如一棵橡树变成金鱼，或者是鲸鱼变成真菌。但它将花费数百万（如果不是数十亿）年。转基因技术通过使用多种技术绕过遗传法则。

最简单的是基因枪，一种由空气驱动的枪，它可以发射带有遗传物质的黄金颗粒。这些颗粒被锁定在活细胞中，尽管容易被破坏，但有少数的将被安全地放入存活的细胞中，并将它们的 DNA 整合到基因组中。另一种方法是使用一种根瘤菌，这种细菌通过一种环状的或称为质粒的 DNA 感染寄主植物（产生像肿瘤一样的增生）。基因工程师获得了质粒并利用它来引入新的基因（这并不意味着会产生根瘤）。最后，转基因还可以使用重组病毒将 DNA 注入细胞核。

转基因食品

已经有数十次的尝试去建立转基因食品，并且它们几乎都是植物。这其中很多人都失败了，要么是因为基因改造没有带来任何的好处，要么是因为它们提供了一个没有满足公众需求的新奇事物。一个明显的失败是"鱼番茄"。它为番茄赋予了一种大西洋比目鱼的抗冻蛋白基因，希望能产生一种抗冻植物。

还有几种转基因作物包括菠萝、小胡瓜和马铃薯，已经被赋予了病毒的遗传抗性。但最普遍的转基因食品是玉米和大豆，改良后能耐受农药。成功的转基因食品，目前在大多数国家受到严格控制。

转基因生物

      ❝转基因生物"的缩写是 GMOs，它包含了但不仅仅是转基因作物，许多动物因其他的而不是农业的原因被基因改造，这样的结果通常是古怪的。其中最成功的是大肠杆菌的转基因菌株。大肠杆菌通常与致命的食物中毒有关，也被设计用于生产多种药物，包括糖尿病患者使用的胰岛素激素、治疗侏儒症的生长激素，以及对血友病患者的健康至关重要的凝血因子。

      其他的转基因生物成为了新医学治疗的试验台。它们包括被水母生物发光基因修饰的老鼠，这些啮齿动物能在黑暗中发光。另一种奇怪的转基因生物是"蜘蛛羊"，蜘蛛羊的基因是将蜘蛛丝的基因整合到它牛奶基因的配方中。这使得在牛奶中生产了大量的液态丝蛋白。远远超过了从实际蜘蛛中提取的数量。可以用来研究这种不可思议的物质。

基因专利

基因改造是一项巨大的业务，需要在研发方面投入大量资金。因此，转基因生物的结果和用于制造它们的技术都受到了严格的专利保护。这意味着人们和公司实际上被容许拥有某种特定的基因，并对包含这种基因的每一种生物都拥有权利。这是一种与许多人格格不入的状态。一个专利的基因被记录为一个精确的碱基序列，为了使用这个基因，就像其他知识产权一样，必须支付许可费。这既提出了实际问题，又提出了伦理问题。在实际方面，专利持有者如何判断他们的基因是否被使用？如何证明他们是被盗用的而不是意外杂交创造的呢？关于这些问题的法律争论现在很普遍。更麻烦的是从伦理的角度来看，专利已经被应用于自然产生的物质的基因，包括人类激素。在 2013 年，这些专利最终被否决了。

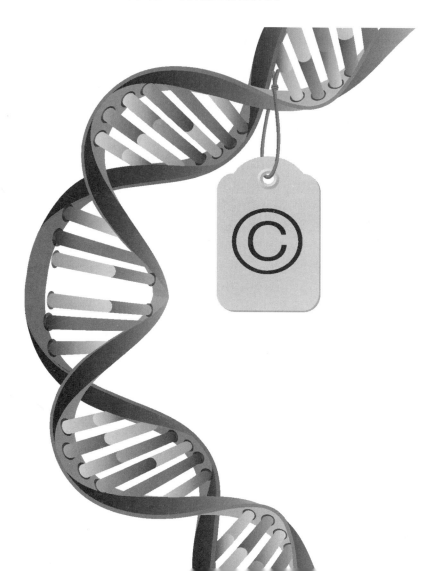

小亚种伊比利亚山羊在2000年灭绝，但它的皮肤细胞被保存下来，希望能将其克隆出来

克隆

克隆是一种具有相同基因的生物体：一种动物通过无性繁殖复制出自己的克隆体。同卵双胞胎、三胞胎等也是克隆。然而，克隆技术是一种人工制造克隆动物的技术（大部分是动物）。这些动物通常是通过有性繁殖创造出基因独特的后代。一个人工克隆体和它的父母在基因上是完全相同的，但它们并不是精确的拷贝。尽管科幻小说的作者们认为是精确的。一方面，它们的时间是不同的，克隆体总是比父母年轻。另一方面，它们也在不同的环境中发展，这可能改变了它们的成长方式。许多动物已经被克隆，从青蛙到骆驼，但还有许多尝试仍然会导致畸形。那么，为什么要为克隆而烦恼呢？事实上，它是基因工程师工具箱里的一个强有力的工具，因为它是确保特定遗传物质没有改变的最佳方法。它也与干细胞研究密切相关（见第197页），在那里，强大的细胞可以用来修复无法治愈的疾病。

细胞核移植

克隆的目的是绕过受精，直接用卵子生产出受精卵。卵细胞中的细胞核与其中的单倍染色体被一起移除。这种"摘除"的过程是由手工操作来完成的。在这一过程中使用了一种超细微管，可以在不造成不可修复损伤的情况下穿过细胞膜，并将其所有的细胞器和其他全部内容物从卵细胞中分离出来。接着，一个带有完整的染色体的体细胞核被放入卵细胞中。这一过程将卵细胞转化成了二倍体细胞。但移植过程并不是这么简单。原始卵细胞细胞质中含有能够重置其染色体的元素，这些染色体在最初的细胞中被大量关闭。重置工作是通过向细胞发出的电脉冲来辅助的。此外，克隆研究人员还可能使用其他复杂且严格保密的过程。一旦重置完成，细胞就能分裂并发育成一个胚胎。这就是原始体细胞的克隆。这种方式的克隆主要用于获取干细胞，但它也能够发育长成完全成形的动物。

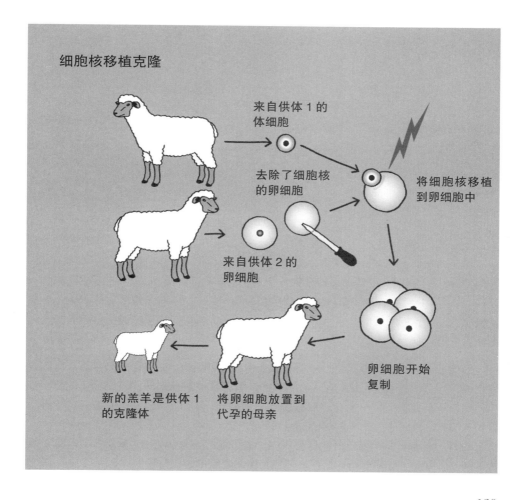

细胞核移植克隆

来自供体 1 的体细胞

去除了细胞核的卵细胞

将细胞核移植到卵细胞中

来自供体 2 的卵细胞

卵细胞开始复制

新的羔羊是供体 1 的克隆体

将卵细胞放置到代孕的母亲

绵羊多莉

也许世界上最著名的绵羊多莉是第一个成功克隆的哺乳动物。1996 年它在苏格兰的出生引起了轰动。多莉是由细胞核移植产生的。体细胞是从它母亲的乳房或乳腺中提取的，而多莉的名字来源于一位乡村歌手，这位歌手同样因为她硕大的乳房而闻名于世。

细胞的细胞核被放置在从另一只羊身上采集的卵细胞中。多莉的染色体来自体细胞供体，而它的线粒体 DNA 是从它的卵子捐赠者那里继承来的。一旦转移成功，多莉的受精卵就在实验室里发育成囊胚阶段（见第 63 页），然后被植入第三只羊的子宫里（因此可以认为，像多莉这样的克隆体有三个父母。）。多莉成为了国际巨星，但它的名气意味着它大部分时间都在室内。大多数绵羊都活了 12 年左右，但在 6 岁的时候，多莉死于肺部感染，这在那些住在室内的绵羊中很常见。

遗传指纹法

指纹是一种很好的识别人的方法。它们实际上是独一无二的,当被恰当地分析时,它们指出人时错误的概率可以忽略不计。同样的道理也适用于"基因指纹",更准确地称其为 DNA 图谱。这种方法并不是去绘制整个基因组,它是一种比较两个 DNA 样本的方法。如果犯罪现场的样本与嫌疑人的 DNA 相匹配,就可以指出他或她出现在那里。

类似的技术也可以用来揭示个体之间的基因关系。这个系统是由英国遗传学家亚历克·杰弗里斯在 1984 年设计的,用来解决一个问题,人类的 DNA99.5% 是相同的。为了突出其中的差异,他寻找串联重复的地方,相同的"编码"重复几次。一个 DNA 样本通过剪切,然后将特定重复部分的区域放大,或大量复制。这些区域有确定的长度,这是一个与亲戚共享的特性。因此当样本被按照大小区域分开时,它会展现出一个独特的模式,这可以与其他的模式进行比较。

鉴定嫌疑人

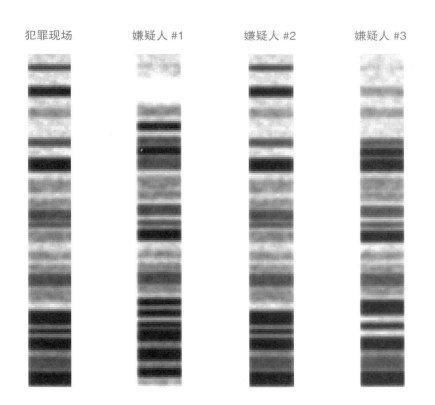

犯罪现场　　　　嫌疑人 #1　　　　嫌疑人 #2　　　　嫌疑人 #3

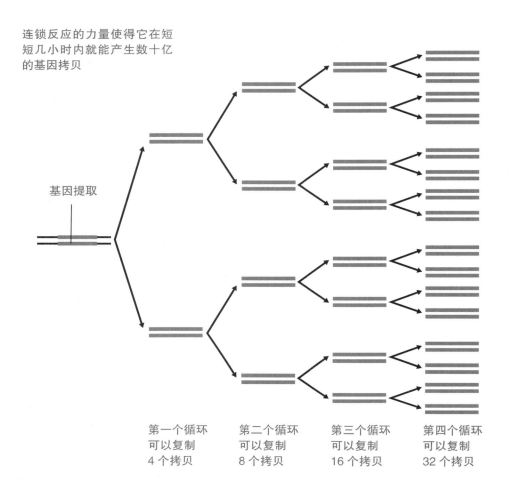

连锁反应的力量使得它在短短几小时内就能产生数十亿的基因拷贝

基因提取

第一个循环可以复制 4 个拷贝

第二个循环可以复制 8 个拷贝

第三个循环可以复制 16 个拷贝

第四个循环可以复制 32 个拷贝

聚合酶链式反应

聚合酶是在细胞核中使用的一种酶，用来读取和复制单个 DNA 链。遗传学家可以利用这种复制机制来批量生产特定的 DNA 片段。最广泛的技术是聚合酶链式反应（PCR），它于 1983 年发明，用于基因分析，也用于制造任何大数量的 DNA 样本。

这个过程的开始是将一个目标 DNA（仍然在一个较大的链内）与聚合酶、核苷酸碱基的供应物、引物分子结合起来。引物是编码在目标 DNA 上的短链 DNA，并标记了聚合酶开始复制的位点。PCR 涉及大量的周期，每个周期有三个步骤。首先，DNA 被加热以丧失螺旋结构，然后引物与 DNA 结合，最后，聚合酶复制目标 DNA 并加上其他碱基。重复这一循环，就可以制造越来越多的拷贝。仅仅通过 30 个周期（大约 4 个小时）一个 DNA 样本就可以被复制为 10 亿个！

电泳

为了分离 DNA 和其他大型生物化学物质，如蛋白质，一个叫作电泳的技术被使用。它的工作原理是将混杂了 DNA 和染料物质放入凝胶的一端（这种凝胶通常由琼脂制成，这种胶状聚合物取自海藻）。凝胶被一种叫作缓冲液的导电物质所淹没，电流可以通过缓冲液。DNA 上有一个负电荷，因为所有的磷酸离子都参与了它的"骨架"糖的连接。这意味着它会从电泳槽的负极转移到正极上。所有的 DNA 都聚集在一起，在凝胶上形成厚厚的染料，但如果有更多的时间，它们会分裂成更窄的条纹，每一个条纹都代表了一组 DNA 片段，以及同样数量的碱基对。较短的 DNA 片段会比较长的 DNA 片段移动得更远。一块凝胶上可以检测数个样本，最终每个样本都在凝胶上形成一种特殊的条带（见第 191 页）。这些可以作为 DNA 的"阶梯"来使用。使用已知尺寸 DNA 链作为标识可以用来估计其他样本中带的大小。

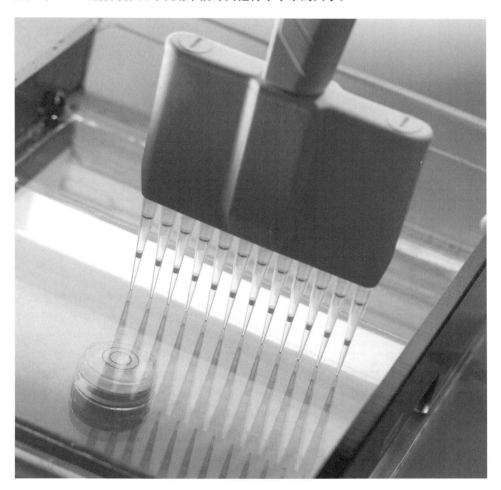

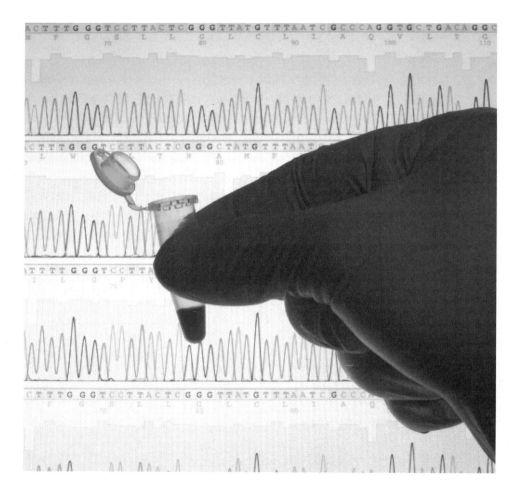

基因检测

许多疾病和障碍都与遗传密切相关。它们包括乳糖不耐症、卟啉症和一些形式的克罗恩病，真正的疾病清单要比这些长得多。对潜在父母的医学检测方法已经被开发出来，通过这些方法可以揭示有害的遗传特征的存在。在染色体疾病如唐氏综合征（见第 164 页）的情况下，测试的是核型，这种方法把染色体视为一个整体（见第 158 页）。当一种疾病是由于单个基因导致时，测试通常会寻找该基因的序列。这可能是一种特殊的蛋白质，也可能是代谢产物的存在，表明基因在起作用。遗传学的进步使得对特定 DNA 编码的检测变得更加容易，而且更便宜。虽然一些基因疾病可以通过药物减轻症状，但它们都是无法治愈的。积极的基因测试几乎没有带来痛苦，但病症会得到明显的缓解。因此，基因测试与咨询是密切相关的，可以让患者了解检测后果。

基因配对

女人的嗅觉通常比男人更敏锐。一个进化的原因是帮助识别食物中的毒素，这些毒素可能会通过母乳传给婴儿。但这似乎也与配偶的选择有关。1995 年，瑞士生物学家克劳斯·威德金德进行了著名的"汗湿 T 恤"实验。他要求男性参与者在两天睡觉时穿同一件衬衫。然后，他让女性参与者评价每件衬衫的气味。研究结果显示，没有一件特别的衬衫被认为比其他汗衫更令人满意，但不同的女性喜欢闻不同白细胞抗原男士的气味（见第 161 页）。显而易见选择一个白细胞抗原不同的伴侣可以确保所有后代都能更好地对抗疾病，而且这也证明配偶不太可能是近亲。在这些发现之后，公司现在对那些有兴趣将科学置于浪漫之前的夫妇提供基因分析。尽管一些专家认为这一发现过于简单。

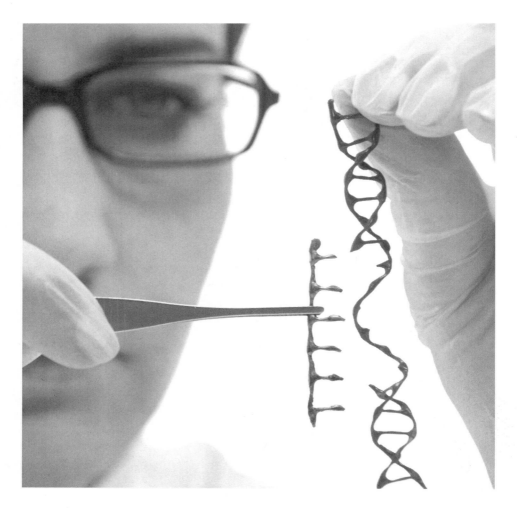

基因治疗

想象一下，如果有可能替换错误的基因，甚至增加新的基因，就可以对抗疾病。这是基因疗法的目标，一个潜在的革命性的新医学领域，自 20 世纪 80 年代末以来一直进展缓慢。如果出了问题，就会有真正的危险，但成功的迹象正在出现。

基因必须由一个某种载体机制下的载体引入人体。病毒是很好的载体，但它可以被免疫系统攻击，而人造的人类病毒逃入野外，这种可能是科幻危机电影的素材。非病毒载体，如直接注射 DNA 到血液中，取得了阶段性成功。但是，如何定义成功呢？至少，DNA 需要针对受该疾病影响的组织有效果。然而，身体的其余部分也携带着坏基因，因此所有的后代都会携带。因此，生殖系基因疗法的目的是在源头上纠正问题，彻底根除来自族谱的缺陷基因。

干细胞疗法

干细胞疗法是一项备受赞誉的未来基因技术，它旨在利用构建人体系统来修复无法治愈的疾病。干细胞是多细胞体的起始点，能够转化成任何类型的细胞（见第71页）。在成人体内，它们也会执行一些任务，如建立胃内膜和制造血细胞。但一旦干细胞长大，大部分就会关闭。骨髓移植是干细胞疗法的一种形式。捐献者的健康干细胞被植入患有血液病的病人的骨头中，这些健康细胞取代了旧的骨髓，恢复了血液的健康。人体无法修复神经、骨骼和眼睛等方面的严重损伤，因此研究人员也希望通过干细胞疗法修复这些损伤。细胞可以从身体的其他地方被取走，然后通过"重置"，使它们获得在任何地方工作的能力。更有争议的方法是从被克隆的胚胎中获取这些干细胞。但这些现在还为时尚早，有几项成功表明，干细胞疗法将成为未来日常医学的一部分。

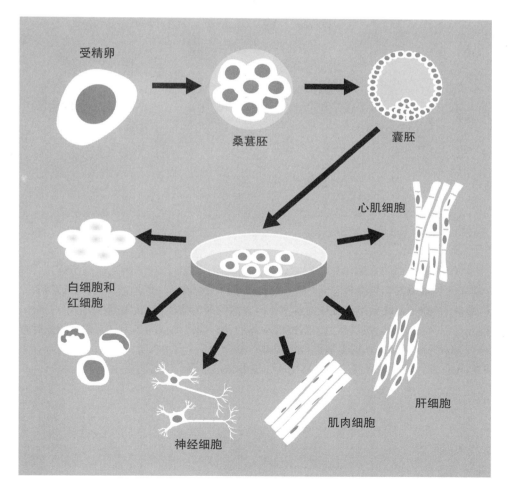

编辑基因

基因技术可以用来消除遗传缺陷，而这些缺陷可能会让孩子的生活变得痛苦。与现代基因科学的许多方面一样，这种技术再次引发了一场伦理辩论。人们认为，屏蔽精子、卵子或胚胎用以改变性别或一些表面的遗传特征（如头发颜色）是不道德的。现在已经有可能通过编辑基因组用健康版本的基因取代致病的基因。人们是否能将保证智力和外貌的最佳基因也被进行编辑呢？迄今为止，还不知道这些基因是否存在，但假设存在，伦理的红线应该在哪里呢？这非常值得我们深思。

合成生物学

想 象一下，一种未来的机器，这种设备可以用于举起或移动物体。这机械化的物体是由金属和塑料制成，还是由肉和骨头制成的？我们为我们的机器人提供了仿生的身体，为什么不使用生物材料。或者说，更进一步，把机器人和生物结合起来呢？这样的未来愿景将是合成生物学的产物，这是一个新兴的领域，在这个领域内，科学家们将用他们所了解的遗传学、细胞生物学和解剖学知识，将生物从零开始，创造出来。

2010 年，第一个人工细菌被创造出来。用一个已经存在的细菌的细胞，将其DNA 移除，之后用由科学家合成的基因组取而代之。最近，科学家们用同样的脂质在细胞膜上制造了类似细胞的囊泡，现在他们正在研究如何采用非生物材料创造完全的功能性细胞。这可能需要不是几年而是几十年的时间。但我们对基因、细胞和身体的工作方式了解得越多，就越容易去创造出我们自己的版本。

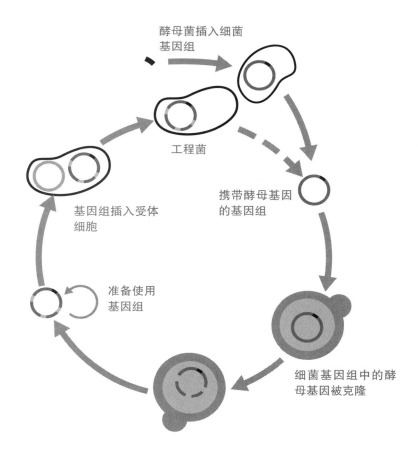

酵母菌插入细菌
基因组

工程菌

携带酵母基因
的基因组

基因组插入受体
细胞

准备使用
基因组

细菌基因组中的酵
母基因被克隆

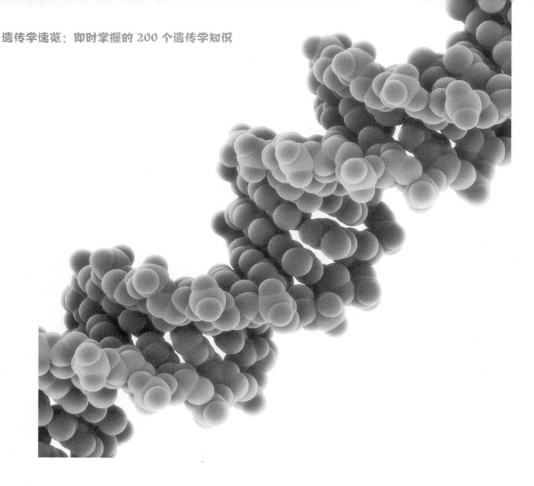

XNA：人造 DNA

❝XNA" 一词代表 "异种核酸（xeno hvcleic acids）"，即实验室制造的化学物质。它能做任何 DNA 和 RNA 都能做的事情（xeno 是希腊语中的 "other 其他的"）。2015 年，研究人员首次成功地利用一种预先编程的 XNA 合成了一种蛋白质。但我们为什么要改造 DNA，这是自然界最强大的造物之一？

合成核酸最初是由进化生物学家研究的，研究的是在地球生命之初可能与 RNA 和 DNA 竞争的替代物（见第 154 页）。下一步是使用与核苷酸碱基相同的配对，构建一个与 DNA 成镜像形式和功能的异种核酸，但在化学作用和温度变化的情况下，它更加健壮。这开启了令人吃惊的可能性：XNA 是否可以在合成细胞内使用，这也许会创造一个全新的生命领域？更直接的说法是，基因疗法可能会用强健的 XNAs 来替代 DNA，从而使我们可以人为地改进我们自己的基因组。

词汇表

适应
一种身体或行为特征通过进化，使生物体在其环境中可以继续生存。

等位基因
基因的一个版本，例如，眼睛颜色的基因有几个等位基因。

氨基酸
含氮的有机化合物，氨基酸链形成蛋白质。

细胞
生命中最小的自足的单位，所有的生物体都是这样形成的。

染色单体
一个复制的染色体，染色单体通常是成对的，但也可以单独作为染色体。

染色体
在复杂有机体的细胞核中发现的遗传物质载体。

密码子
基因中的一种三分子单元，它代表一种由该基因编码的较大的蛋白质分子中的氨基酸。反密码子是密码子的镜像，用于遗传编码。

二倍体
描述一个包含两组遗传物质的细胞，其中一组遗传自双亲。

DNA
脱氧核糖核酸，一种梯状螺旋分子，其结构储存遗传信息。

内共生
真核细胞是如何由小的原核细胞进化而来的。

酶
一种通过控制生命所需的特定反应而参与新陈代谢的蛋白质。

真核生物
一种含有细胞核和其他细胞器的复杂细胞组成的生物体。

进化
通过外部影响和遗传性状相互作用使生物体随着时间的变化而改变。

外显子
遗传物质中携带基因代码的部分。

适应
与其他物种相比，一个生物如何适应它的环境。

基因
继承的单位。它可以被看作是一种 DNA 链，编码特定的蛋白质，或作为一种独特的遗传特征。

基因库

在种群中发现的等位基因的总积累。

基因组

一种包括物种基因和非编码 DNA 全部遗传物质的集合。

基因型

一种生物体携带的等位基因的描述。

单倍体

描述一个只包含一组基因的细胞。

内含子

遗传的 DNA 片段，没有编码指令的基因。

孟德尔学派

参考遗传学的核心思想，由孟德尔在 19 世纪 60 年代提出。

突变体

携带一种新的等位基因或突变基因的有机体。

核苷酸

在 DNA 和 RNA 中发现的核酸；在 DNA 中，核苷酸经常成对出现，而在 RNA 中，它们是单一的。

细胞核

真核细胞包含大部分的遗传物质的区域。

细胞器

在细胞中执行特定功能的机器样结构。

表现型

一种生物体身体或行为特征的描述，由基因型所产生的。

聚合物

一种长分子，由小单位或单体组成，在链条中相连；蛋白质和 DNA 是两种聚合物。

原核生物

一种小而简单细胞的生物，缺乏细胞器。

蛋白质

一种复杂的分子，用于所有生物构造身体的部分、肌肉以及酶。

呼吸

在每个活细胞提取能量的过程，从食物来源，如糖。

底物

由酶作用的物质。

分类学

科学的生物分类学是根据生物是如何联系进行分类的。

受精卵

它是一个活的个体的第一个细胞。